科学技术与文明研究丛书

主 编／柯 俊 梅建军

中国古代冶铁竖炉炉型研究

A Study on the Profiles of Iron Smelting
Shaft Furnaces in Ancient China

黄 兴 潜 伟◎著

科学出版社

北 京

内 容 简 介

生铁冶炼技术是中国古代一项事关国计民生、具有世界性影响力的重大发明，竖炉炉型是决定生铁冶炼能否成功的关键要素。

十余年来，作者实地考察和复原了国内现存的绝大多数古代冶铁竖炉，提出"六型九式"炉型分类、分期方案；设计了三维"极限值+合理值"与二维"分层带"的两步方案，应用计算流体力学方法模拟分析不同炉型对炉内气流和冶铁过程的影响；在山西阳城开展古代竖炉冶铁试验，验证了考古发现和数值模拟的关键结论，研究了炉型与燃料、鼓风、建炉材料之间的影响机制；深入研究和阐释了生铁冶炼技术这一中华优秀传统科技文化。

本书可供科技史、冶金考古研究者和相关专业研究生，以及对中华优秀传统科技文化感兴趣的读者阅读参考。

图书在版编目（CIP）数据

中国古代冶铁竖炉炉型研究 / 黄兴，潜伟著. —北京：科学出版社，
2022.1
（科学技术与文明研究丛书）
ISBN 978-7-03-070097-1

Ⅰ. ①中⋯ Ⅱ. ①黄⋯ ②潜⋯ Ⅲ. ①炼铁–竖炉–研究–中国–古代
Ⅳ. ①TF5-092

中国版本图书馆 CIP 数据核字（2021）第 210071 号

丛书策划：侯俊琳 邹 聪
责任编辑：邹 聪 刘巧巧 / 责任校对：韩 杨
责任印制：李 彤 / 封面设计：有道文化

科 学 出 版 社 出版
北京东黄城根北街 16 号
邮政编码：100717
http://www.sciencep.com
北京建宏印刷有限公司 印刷
科学出版社发行 各地新华书店经销
*
2022 年 1 月第 一 版 开本：787×1092 1/16
2022 年 3 月第二次印刷 印张：18 3/4
字数：330 000
定价：198.00 元
（如有印装质量问题，我社负责调换）

20 世纪 50 年代,英国著名学者李约瑟博士开始出版他的多卷本巨著《中国科学技术史》。该书的英文名称是 *Science and Civilisation in China*,也就是"中国之科学与文明",该书在台湾出版时即采用这一中文译名。不过,李约瑟本人是认同"中国科学技术史"这一译名的,因为在每一册英文原著上,实际均印有冀朝鼎先生题写的中文书名"中国科学技术史"。这个例子似可说明,在李约瑟心目中,科学技术史研究在一定意义上或许等同于科学技术与文明发展关系的研究。

何为科学技术?何为文明?不同的学者可以给出不同的定义或解说。如果我们从宽泛的意义去理解,那么"科学技术"或许可视为人类认识和改变自然的整个知识体系,而"文明"则代表着人类文化发展的一个高级阶段,是人类的生产和生活作用于自然所创造出的成果总和。由此观之,人类文明的出现和发展必然与科学技术的进步密切相关。中国作为世界文明古国之一,在科学技术领域有过很多的发现、发明和创造,对人类文明发展贡献卓著。因此,研究中国科学技术史,一方面是为了更好地揭示中国文明演进的独特价值;另一方面是为了更好地认识中国在世界文明体系中的位置,阐明中国对人类文明发展的贡献。

北京科技大学(原北京钢铁学院)于 1974 年成立"中国冶金史编写组",为"科学技术史"研究之始。1981 年,成立"冶金史研究室";1984 年起开始招收硕士研究生;1990 年被批准为科学技术史硕士点,1996 年成为博士点,是当时国内有权授予科学技术史博士学位的为数不多的学术机构之一。1997 年,成立"冶金与材料史研究所",研究方向开始逐渐拓展;2000 年,在"冶金与材料史"方向之外,新增"文物保护"和"科学技术与社会"两个方向,使学科建设进入一个蓬勃发展的新时期。2004 年,北京科技大学成立"科学技术与文明研究中心";2005 年,组建

"科学技术与文明研究中心"理事会和学术委员会，聘请席泽宗院士、李学勤教授、严文明教授和王丹华研究员等知名学者担任理事和学术委员。这一系列重要措施为北京科技大学科技史学科的发展奠定了坚实的基础。2007年，北京科技大学科学技术史学科被评为一级学科国家重点学科。2008年，北京科技大学建立"金属与矿冶文化遗产研究"国家文物局重点科研基地；同年，教育部批准北京科技大学在"211工程"三期重点学科建设项目中设立"古代金属技术与中华文明发展"专项，从而进一步确立了北京科技大学科学技术史学科的发展方向。2009年，人力资源和社会保障部批准在北京科技大学设立科学技术史博士后流动站，使北京科技大学科学技术史学科的建制化建设迈出了关键的一大步。

30多年的发展历程表明，北京科技大学的科学技术史研究以重视实证调研为特色，尤其注重（擅长）对考古出土金属文物和矿冶遗物的分析检测，以阐明其科学和遗产价值。过去30多年里，北京科技大学科学技术史研究取得了大量学术成果，除学术期刊发表的数百篇论文外，大致集中体现于以下几部专著：《中国冶金简史》、《中国冶金史论文集》（第一至第四辑）、《中国古代冶金技术专论》、《新疆哈密地区史前时期铜器及其与邻近地区文化的关系》、《汉晋中原及北方地区钢铁技术研究》和《中国科学技术史·矿冶卷》等。这些学术成果已在国内外赢得广泛的学术声誉。

近年来，在继续保持实证调研特色的同时，北京科技大学开始有意识地加强科学技术发展社会背景和社会影响的研究，力求从文明演进的角度来考察科学技术发展的历程。这一战略性的转变很好地体现在北京科技大学承担或参与的一系列国家重大科研项目中，如"中华文明探源工程""文物保护关键技术研究""指南针计划——中国古代发明创造的价值挖掘与展示"等。通过有意识地开展以"文明史"为着眼点的综合性研究，涌现出一批新的学术研究成果。为了更好地推动中国科学技术与文明关系的研究，北京科技大学决定利用"211工程"三期重点学科建设项目，组织出版"科学技术与文明研究丛书"。

中国五千年的文明史为我们留下了极其丰富的文化遗产。对这些文化遗产展开多学科的研究，挖掘和揭示其所蕴含的巨大的历史、艺术和科学价值，对传承中华文明具有重要意义。"科学技术与文明研究丛书"旨在探索科学技术的发展对中华文明进程的巨大影响和作用，重点关注以下4个方向：①中国古代在采矿、冶金和材料加工领域的发明创造；②近现代冶金和其他工业技术的发展历程；③中外科技文化交流史；④文化遗产保护与传承。我们相信，"科学技术与文明研究丛书"的出版不仅将推动我国的科学技术史研究，而且将有效地改善我国在金属文化遗产和文明史研究领域学术出版物相对匮乏的现状。

柯　俊　梅建军

2010 年 3 月 15 日

铁元素在地壳中的含量约占 4.2%，仅次于氧、硅及铝。铁兼具强度与韧性，且可使用淬火、退火等工艺，在较宽广的范围内予以调节。铁器产品质优、价廉、适应性强，能用作各类兵器、构件和日用器具，在古代是其他金属和非金属材料所不能比拟的。铁器最终取代石器和青铜器，使人类步入社会经济文化大发展的时代。因此，考古学"三期说"将铁器的生产能力、制作效率和性能水平视为判断古代社会生产力发展程度的重要标志，将铁器工具的意义提高到了划分人类社会文明阶段的高度。现代社会中，钢铁产量也是衡量一个国家生产力的重要标志。

把铁从矿石中冶炼出来，是钢铁生产中最重要的环节之一。古代冶铁最初采用块炼法，使用碗式炉或低矮的竖炉，炉温约 1000℃，产品为固态的疏松海绵状熟铁，中间夹杂着渣，经过反复锻打、除渣，最终制作成铁器。中国境内发现的早期人工冶铁制品，如甘肃省临潭县陈旗乡磨沟村发现的公元前 14 世纪齐家文化时期的铁器、新疆多地发现的公元前 9 世纪铁器、河南三门峡上村岭发现的春秋早期虢国墓地部分铁刃铜器，都属于块炼铁或块炼渗碳钢制品。

生铁冶炼是更为高效的冶铁方式，是冶铁领域的一项重大发明。山西天马—曲村发现的公元前 8—公元前 6 世纪的生铁残片是最早的考古依据；公元前 5 世纪时中国已经普遍用生铁铸造铁器。冶炼生铁的方法是建立高大的竖炉，用鼓风器强力鼓风，炉温高达 1400℃ 以上；矿石中铁被还原出来，并在高温下急剧渗碳，熔点降低，变成液态；用石灰石、萤石等作为助熔剂，与矿石中的二氧化硅等生成液态炉渣。液态的渣和铁在炉缸中可以自然分层，再先后从铁口放出来。用竖炉可以连续冶炼生铁，产量高，杂质少，为下游产业提供了物美价廉的原材料，极大地促进了农业、手工业、军事装备、交通等各领域的发展，对中国古代社会文明程度长期领先于世界各国，以及维系中华文明的传承和发展产生了重要影响，是中国古代最重要的系统性发明之一。根据目前的考古发现，欧洲直到 12—13 世纪才开始有意识地建立竖炉冶炼生铁，比中国晚了整整 2000 年；此后，西方在竖炉基础上逐渐发展出高炉冶铁，为工业革命及其以后社会生产提供了有力的物质保障，世界格局随之剧变。

用竖炉冶炼生铁必须要有合适的炉型。炉型是指炉体内腔的大小和形制，它要与炉料条件和操作制度相适应，导引炉料、气流与热量合理运行及分布，实现"稳定、顺行、高产、低耗、长寿"等生产目标，获得最佳的冶炼效果。炉型含有丰富的技术内容，对于生铁冶炼能否顺畅、高效进行起到关键作用。炉型是生铁冶炼技术乃至古代生铁及生铁制钢技术体系的核心技术之一。

现代高炉多采用五段式炉型。这是在炉料制备工艺、冶炼操作制度高度发展基础上，与炉型互相适应的优化方案。关于古代竖炉炉型，前人研究一般认为，早期炉型继承于春秋时期的冶铜竖炉，从汉代开始新出现多种炉型，其特征主要体现于炉容、竖直截面与水平截面形状等方面。而对古代冶铁竖炉炉型的形状与类型、技术特征、演变及原因等很多内容尚未研究清楚。由此导致从铁的生产角度，对整个古代冶铁技术发展历程认识不够深刻。这与古代几乎遍布全国、延续 2000 多年的生铁冶炼业很不相称。究其原因，主要是古代冶铁竖炉的炉址多不完整，且缺乏系统性、基数性调查；研究古代炉型对炉内冶炼的影响方式只能凭借经验和想象，缺乏有效的科学手段。

笔者于 2009 年进入北京科技大学科学技术史专业就读博士研究生，在导师潜伟教授的指导下，选择了"中国古代冶铁竖炉炉型研究"为博士学位论文选题，从调查复原、数值模拟、冶铁试验、综合研究等多层次开展了大量工作。

在考古工作者、冶金史专家和课题组其他成员的支持与协助下，我们先后调查了国内当时已发现的 42 处古代冶铁遗址；结合古文献记载、考古资料和遗迹现象，将这些冶铁竖炉的炉型归纳为六型九式。

本书在冶金史领域首次引入了现代冶金领域常用的计算流体力学（computational fluid dynamic，CFD）方法，对炉内气流场进行数值模拟和分析。设计了古代竖炉气流场"极限值+合理值"三维模拟、"分层带"二维模拟的两步模拟方案，根据遗迹现象、传统竖炉生产数据和小型高炉解剖结果建立边界条件，对气流场进行了数值模拟，科学化、可视化和半定量地分析了炉型对冶炼的影响，取得了一系列突破性认识。

在多方支持下，我们以炉址现状较好、研究较为充分的延庆水泉沟 3 号炉冶铁炉为蓝本，在山西阳城实地砌筑冶铁竖炉、开展冶铁模拟试验，进行炉体解剖，得到了大量数据和深刻认识，验证了复原所依据的炉内冶炼遗迹及其形成机理，以及数值模拟的建模方法与参数设置。在这些工作基础上，对古代炉型技术内涵和炉型演变作了综合探讨。

　　时至今日，那些曾经推动中华文明发展的古代冶铁竖炉多数已经不复存在，只有少量留存下来。这些竖炉如同一座座丰碑，依然矗立在田间地头，成为一种历史见证和精神象征。我们怀崇敬之情，以中国古代竖炉炉型为研究对象，从考古和技术史的视野来揭示其所凝聚的古人智慧、特殊价值和背后的历史兴衰。

黄　兴

2020 年 3 月

于中国科学院基础科学园区

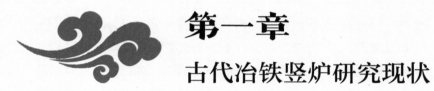

第一章
古代冶铁竖炉研究现状

第一节　中国古代冶铁史研究概况

古代生铁炼炉的相关研究从 20 世纪 50 年代就已出现，但由于缺少实物资料，对冶铁竖炉炉型、结构的研究无力开展。研究者主要从文献入手，对冶铁竖炉的技术特征做了推测，对鼓风机械做了大量复原研究。

20 世纪 50 年代后期开始，河南巩县（现为巩义市）铁生沟等遗址相继被发现，研究者对古代冶铁竖炉的状况有了初步认识。70 年代发掘的河南古荥镇、鲁山望城岗等矿冶遗址保存了丰富的信息，研究者做了大量复原工作，早期冶铁竖炉概貌逐渐清晰，随后，研究者便开始对中国古代冶铁竖炉的起源和演变进行了探讨。80 年代以后，在山东莱芜、河北武安、河南南召等地发现了多处冶铁竖炉遗迹。研究者对其形貌、结构、材料等做了详细考察，对其蕴含的生铁冶炼技术有了进一步认识。2000 年以来，考古工作者在四川蒲江和邛崃、河南焦作、北京延庆等地发现了保存较为完整的古代生铁炼炉，为相关研究进一步提供了丰富、清晰的信息。

在国外，李约瑟早在 20 世纪 50 年代就撰写了有关中国古代钢铁技术的专著（Needham，1958），冶铁竖炉的研究是其中的重要内容。华道安对包括冶铁竖炉在内的中国古代钢铁技术一直有较深的研究，他认为中国古代生铁冶炼技术首先在吴国境内发明，与当地高超的青铜铸造技术有关；他还收集并研究了一批晚清以后的炉型资料，主要观点收录在 *Science and Civilization in China*（Wagner，2008）等著作中。

到目前为止，关于中国古代冶铁竖炉及相关技术的研究已经非常丰富。中外研究者围绕冶铁竖炉的起源与发展、冶铁竖炉的考察与复原、冶铁竖炉鼓风技术、中西方冶铁竖炉及相关技术的比较与传播等方向做了广泛的研究，得到了丰富的成果。

一、古代冶铁遗址调查与发掘

中国古代冶铁产业规模庞大，经过历代积累，遗留下大量冶铁遗址。20 世纪 50 年代以后，特别是在 1958 年"大炼钢铁"时期，各地发现并清理发掘了河南巩县铁生沟、临汝（现为汝州市）夏店以及江苏利国驿等多处汉唐时期的冶铁遗址，对古代冶铁竖炉的状况有了初步认识。70年代，发现了河南郑州古荥冶铁遗址、河南鲁山望城岗冶铁遗址等。这些遗址保存了丰富的古代冶铁技术信息。80年代以后，发现了河南西平酒店、南召下村，河北武安等多处重要的冶铁竖炉遗迹。21世纪以来，研究者又在河南焦作、北京延庆、四川蒲江与邛崃、广西贵港等地发现了多处冶铁遗址，部分炉体保存较为完整。

相关资料收录在各类考古发掘报告、简报、考古学年鉴、调查报告等现代文献中。此类文献对竖炉炉址等实物资料的描述尚未形成统一标准，部分文献对炉类、炉型判断的论据和论证不足，对炉体重要部位、关键技术描述不够，需要加以甄别。笔者从中整理出了部分古代冶铁遗址资料，见表1-1。

表 1-1 已发表文献中古代冶铁竖炉炉址信息

序号	时代	遗址	炉址数	炉型及考古发现	资料来源
1	战国晚期	河南西平酒店冶铁遗址	1	现存碗状炉腹及圆柱形炉缸，炉体土夯，布满木炭痕迹，背靠土崖，前有炉门	河南省文物考古研究所和西平县文物保管所，1998
2	战国晚期	河南新郑郑韩故城冶铁遗址	0	有通风设施的炼炉遗迹，有木屑、炼渣及残鼓风管等	刘东亚，1962
3	战国	河南登封告成（韩阳城）铸铁遗址	0	熔铁炉底残块，圆形，内径1.15m，外径1.65m，炉壁砖砌，炉衬用白色石英砂掺和耐火土制成；发现带拐头部分的陶鼓风管残片；出土大量木炭屑	中国历史博物馆考古调查组等，1977
4	东周至汉代	山东临淄齐国故城遗址	0	3处冶铁遗址，3处汉代冶铁遗址，发现汉"齐铁官印""齐采铁印"等泥封	群力，1972
5	战国至汉	河南舞钢沟头赵冶铁遗址	0	发现3块炉底积铁	李京华，1994a；李京华，1994b
6	战国至汉	河南舞钢圪垱赵遗址	0	炉壁残块、炼渣、矿石、陶片、瓦片	李京华，1994b
7	战国至汉	河南舞钢许沟冶铸遗址	0	炉壁残块、熔渣、石范、矿石	河南省文物研究所和中国冶金史研究室，1992
8	战国	河南西平杨庄遗址	0	炉壁残块、炼渣、风管、铁器、瓦片	李京华，1994b
9	战国	河南西平付庄遗址	0	炉壁残块、炼渣、瓦片	李京华，1994b
10	战国至汉	河南宜阳韩城遗址	0	炉壁残块、炼渣、陶片	李京华，1994b

续表

序号	时代	遗址	炉址数	炉型及考古发现	资料来源
11	战国至汉	河南舞钢市瞿庄冶铁遗址	1	炼炉1座、炼渣、矿石、炉壁残块	李京华，1994b
12	战国至汉	河南鹤壁故城冶铸遗址	13	13座炼铁竖炉、炼渣、矿石、炉壁残块、铸范、洪范窑、木炭、鼓风管、铁工具	鹤壁市文物工作队，1994；河南省文化局文物工作队，1963
13	战国至汉	广西贵港六陈镇冶铁遗址群	0	分布在六陈镇登塘村、大妙村、合水村等行政村或自然村，发现多处块炼铁炉、炼渣等	黄全胜，2013
14	汉代	河北邯郸冶铁遗址	0	铁渣、炭渣、红烧土、矿石、炉壁残块、齿轮陶范、三角形器陶范	邯郸市文物保管所，1980
15	汉代	河南桐柏张畈遗址	1	炼炉残迹直径1m多，炉壁残块、铁板、铁锭炼渣、筒瓦、板瓦、矿石、矿粉	河南省文物研究所和中国冶金史研究室，1992
16	汉代	河南方城赵河遗址	4	圆形炼炉4座、汉瓦、陶片	河南省博物馆等，1978
17	汉代	河南西平冶炉城	1	1958年调查发现椭圆形炼铁炉1座，周围有炼渣	河南省博物馆等，1978
18	汉代	河南方城县赵河村	4	1958年、1976年调查发现4座圆形炼铁炉，以及汉代瓦片、陶片	河南省博物馆等，1978
19	西汉中至东汉晚期	河南南阳瓦房庄遗址	9	炉基9座、烘范窑、退火炉、炒钢炉、锻炉、鼓风管、铁板、木炭等	河南省文物研究所，1991
20	西汉中晚期至东汉	河南郑州古荥镇冶铸遗址	2	炼炉炉基2座、炉底积铁、矿石、鼓风管、炉渣、耐火砖、铸范、梯形铁板	郑州市博物馆，1978
21	西汉中至东汉初	河南鲁山望城岗遗址	3	1座大型椭圆形冶铁炉，1座梯形炉，1座小型圆炉、木炭、炉壁残块、陶制风管、大块生铁、耐火砖、熔炉炉基、熔渣、陶瓦片、炉渣堆积	赵全嘏，1952；河南省文物考古研究所和鲁山县文物管理委员会，2002
22	汉代	河南临汝夏店遗址	1	冶铁竖炉遗迹，炉子直径约2m，炉壁夯土筑成，炉内耐火材料烧成灰色，炉前铁坑内有300余件铁，套范法铸造	倪自励，1960
23	汉代	河南泌阳下河湾冶铁遗址	0	大量炉体残迹、炉基座、炉基支柱、耐火砖、鼓风管残片、炼渣、铁板材、铁器残片及陶质和石质工具等	河南省文物考古研究所，2009
24	汉代	河南省新安县上孤灯冶铁遗址	0	遗址面积4万m²，地表有铁渣、炉壁残块等遗物。遗址藏坑内出土铸造用铁范83件（块），还有少量泥范、熔窑耐火砖、范托、陶盆、筒瓦等。铁范有铁铲范、铁锄范、铁犁铧范等。泥范为浇口柄范。另外还出土带有"弘一""弘二"铭文的铁范、陶范及王莽布币等。村西有炒铁炉多座	河南省文物研究所，1988

续表

序号	时代	遗址	炉址数	炉型及考古发现	资料来源
25	汉代	陕西韩城芝川镇冶铁遗址	0	遗址面积约为4.3万 m^2。在遗址内断崖上，暴露出许多炉渣、烧土和铁渣块。还有大量陶范和一些炼炉及废弃水井等遗迹。炉渣堆积区在遗址的东部，厚1.6—2m。陶范堆积在炉渣堆积的西部，面积有数百平方米	陕西考古研究所华仓考古队，1983
26	西汉中晚期到东汉初期	巩县铁生沟冶铁遗址	8	炼炉8座，以及锻炉、退火脱碳炉等，有方形、圆形炼炉，用含硅在70%以上的长方形或弧形耐火砖砌筑，炉缸直径1m左右，残高1—1.5m	河南省文化局文物工作队，1960，1962
27	西汉中晚期	山东东平陵齐故城冶铁遗址	1	西汉中期熔铁炉、残房基、藏铁坑、石灰坑等；西汉晚期烘范窑、储泥池、水井及含多件"大四"铁器铸范的灰坑；新莽至东汉时期竖穴、土坑、水井及多个灰坑、灰沟等。出土汉代残铁器、铁块、铁板材、铁条、炉壁残块、砖块、瓦片、陶片等	杜宁，2012
28	西汉初	山东薛城冶铸遗址	0	铁矿石、矿砂、炼渣、齿轮等陶范、炉壁残块	李步青，1960
29	汉唐	山东莱芜冶铁遗址	0	汉代冶炼遗址5处，汉唐冶炼遗址2处，炉底积铁、炼渣、矿石、汉代陶器	山东省博物馆，1977；泰安市文物考古研究室和莱芜市图书馆，1989
30	西汉初	北京清河冶铁遗址	0	炼铁坩埚、铁渣、炉壁残块、铁兵器、铁工具。坩埚底直径约12cm，壁厚3.5cm。坩埚底距地面约1m，炉高似不超过60cm，炉口直径约30cm，其容积似不大于殷代冶铜用的将军盔	黄展岳，1957
31	汉代	江苏泗洪峰山镇赵庄遗址	1	半个冶铁炉残迹，如鸭蛋中剖状、炼渣、铁矿石、汉瓦、汉绳纹罐	尹焕章和赵青芳，1963
32	汉代	河南鲁山西马楼冶铁遗址	1	大量炼渣、炉壁残块、汉五铢钱	河南省博物馆等，1978
33	汉代	内蒙古呼和浩特冶铸遗址	16	炼炉16座、坩埚、风管、铁矿石、炼渣、陶范、铁器	内蒙古自治区文物工作队，1975
34	汉代	新疆民丰尼雅冶铁遗址	0	炉址、矿石、烧结铁、铁渣、坩埚、鼓风管、铁器	新疆维吾尔自治区博物馆考古队，1961
35	汉代	新疆库车冶铁遗址	0	小坩埚、铁渣、矿石、陶瓦、汉代陶罐	史树青，1960
36	汉代	新疆洛浦县冶铁遗址	0	古代烧结铁和残破鼓风管，附近小洞发现铁锤、铁凿	成都文物考古研究所和蒲江县文物管理所，2008

续表

序号	时代	遗址	炉址数	炉型及考古发现	资料来源
37	汉代	桂平市罗秀镇古铁矿冶遗址群	不详	7处汉代古矿冶遗址,位于罗秀镇罗秀村北和进路岭村公所、孔村村背岭、六角岭、木化岭、铁屎尾岭、露棠村的喉咙岭等土岭顶部。发现鼓风管、炉渣炉壁;村公所屋前、铁屎尾岭发现炉址	黄全胜,2013
38	汉至唐	河南安阳林州铁炉沟冶铁遗址	9	汉代至唐代炼炉9座,沿河分布,靠山面坡,黏土筑炉推测为汉代,鹅卵石炉推测为唐代,炉型较小	河南省文物研究所和中国冶金史研究室,1992
39	汉至宋	四川蒲江古石山冶铁遗址	1	冶铁竖炉残迹1座,依崖而建,圆形,直径0.9—1.10m,残高1.5m	成都文物考古研究所和蒲江县文物管理所,2008
40	汉至宋	四川蒲江铁牛村冶铁遗址	0	红色炉砖、红烧土、生铁块和炭灰堆积	成都文物考古研究所和蒲江县文物管理所,2008
41	汉至宋	四川蒲江许鞋匾冶铁遗址	1	圆形炉1座,口部直径约1.10m,耐火黏土砖筑成,壁厚约0.1m,有红烧土胶结面,炉底呈锅底形状,直径0.6m,厚约0.07m,残深0.56m,推测为炒钢或脱碳所用	成都文物考古研究所和蒲江县文物管理所,2008
42	东汉至唐宋	江苏利国驿东汉炼铁遗址	4	东汉方形炉1座,残高1.78m,炉体呈立方体形,炉身底部长4.7m,宽3.8m,壁厚1m左右,炉体内长2.5m,宽1.3m。炉内堆有散乱炉壁残块,炉渣等。唐宋不明炉型3座	尹焕章和赵青芳,1963;南京博物院,1960
43	唐至宋	安徽繁昌县境冶铁遗址	1	炉径1.15m,残高0.6m,采用了耐火砖,炉身角和炉腹角比较陡	胡悦谦,1959
44	唐至明	江西贵山冶铁遗址	不详	明初全国13处重要冶铁基地之一。在铁坑村及附近发现了许多矿坑、炉址、碎炉坯、积铁、大量炉渣堆积等,以及唐代陶瓷片和开元通宝。炉体用盐和成泥构筑,燃料有木炭和煤。据考证是明代宋应星的《天工开物》冶铁部分史料重要来源	万绍毛,1994
45	唐至晚明	四川平乐镇冶铁遗址	2	1号熔铁炉为椭圆形,2号熔铁炉为圆形,发现铁渣、铁矿石和少量铁块及瓷器	成都文物考古研究所和邛崃市文物保护管理所,2008
46	宋代	河北武安矿山村冶铁竖炉遗址	1	仅存半壁,残高6m多,外形呈圆锥形,具有炉身角,实测炉直径3m,内径2.4m,估算炉容为30m³	韩汝玢和柯俊,2007:582
47	宋代	河南林州市申村冶铁遗址	21	曾发现21处残炉址,4处保存较好。其中1、4号两炉底残留的炉衬层均为5层,2号炉炉底的炉衬是8层,底径1.3m。4号炉底被挖掉。5号炉的炉缸墙分三层:外层仅残留弧形砖的痕迹;中层是扇形砖,长20cm、窄端22.5cm、宽端26.5cm、厚8.0cm;内层是弧形砖,断面呈正方形,长22.5cm,宽、厚8.0cm,内抹炉衬并被熔融	河南省文物研究所和中国冶金史研究室,1992

续表

序号	时代	遗址	炉址数	炉型及考古发现	资料来源
48	宋至元明	河南安阳铜冶烨炉村粉红江冶铁遗址	5	有5处铁炼渣堆积,河西岸有大块积铁。断崖上残存3座炼炉。1号炉位于遗址的南端,背靠断崖处凿挖成圆井状,周壁围筑河卵石为炉墙,已倒塌,仅见红色土壁,炉体残高4m,炉径4m。炉子的北部被2号残炉打破。2号炉残存炉底的南半部。3号炉残高4m,直径2.4m,局部处残留有河卵石筑的直筒形炉墙	河南省文物研究所和中国冶金史研究室,1992
49	辽代	河北滦平渤海冶铁遗址	1	圆形,直径1.9m,残高0.9m;草拌泥块筑成,炉腹内收,位于黄土台地上	承德地区文物管理所和滦平县文物管理所,1989
50	宋代	广西兴业龙安镇冶铁遗址群	3	含六西村冶铸遗址、胜果寺冶铸遗址、蕨莱冲冶炼遗址、高岭冶炼遗址,发现竖炉2座、炉址1座、鼓风管、陶片、铁片及大量炉渣堆积	于永平,2009;于永平等,2010
51	宋至明	福建同安冶铁遗址	0	城东东桥头西部堆积大量铁渣和铁砂,还有冶铁竖炉残片、耐火砖残块、木炭、瓷片等。城内中山公园发现冶铁遗物。由冶铁竖炉残片和耐火砖残块用高岭土、黄泥及谷壳等调和制成	陈仲光,1959
52	辽代	内蒙古通辽乌额格其冶铁遗址	0	遗址面积约8万m²,地表散布有炼铁渣、铁矿石等	国家文物局,2003
53	辽代	内蒙古科尔沁左翼后旗花灯苏木西市布嘎查布遗址	0	遗址面积约500m²,文化层厚0.5m,采集到铁钉、铁渣	国家文物局,2003
54	辽代	内蒙古科尔沁左翼后旗双合尔山遗址	0	遗址面积约900m²,文化层厚度约0.5m,采集有铁矿石、炼渣	国家文物局,2003
55	辽代	内蒙古协力台遗址	0	面积约1.9万m²,文化层厚0.4m,采集到铁炼渣	国家文物局,2003
56	辽代	内蒙古兴安盟科尔沁右中旗毛盖吐遗址	0	面积约20万m²,地表散布有铁矿石、炼渣	国家文物局,2003
57	辽代	内蒙古兴安盟代钦塔拉北遗址	0	面积约8000m²,文化层厚度约0.5m,地表散布铁渣等	国家文物局,2003
58	辽代	内蒙古林西县半截沟遗址	0	下场乡半截子沟村西500m,面积约4万m²,地表散布有沟纹砖、布纹瓦,发现冶铁渣及陶片、瓷片	国家文物局,2003

续表

序号	时代	遗址	炉址数	炉型及考古发现	资料来源
59	辽代	辽北安州故城遗址	0	在隆化县隆化镇北，发现大面积的冶铁遗址，残存有熔炉的部分残体。在隆化县韩麻营村出土完整的辽代铁锄，并有铁砧子等铁器出土	国家文物局，2003
60	辽代	河北赤城龙烟铁矿遗址	0	位于田家窑乡上仓村南，遗址上出土大量炉渣、渣铁伴有大量辽代瓷片，其矿石属赤铁矿	王兆生，1994
61	辽代	辽饶州故城	0	位于林西县城西南60km，西拉沐沧河之台地上。东门内附近，有明显建筑遗址，其上布满冶铁渣，西城南半部遍布冶铁渣。有锄刀，铁权、铁矛等出土	国家文物局，2003
62	辽代	内蒙古兴安盟双山遗址	0	面积约4000m²，文化层厚约0.5m，地表散布有铁渣等	国家文物局，2003
63	辽金	内蒙古赤峰巴润柴达木冶铁遗址	0	遗址面积约4000m²，地表散布大量辽代陶片及铁矿石、炼焦渣、烧土块	国家文物局，2003
64	金代	黑龙江阿城县小岭地区金代冶铁遗址	7	发掘冶铁炉遗迹7座，其中4座为方形炉，古矿洞采矿作业区1处，发现海绵铁、炼铁渣、铁矿石与木炭	黑龙江省博物馆，1965
65	金代	河北邢台朱庄冶铁遗址	1	村北半山腰发现一处残破炼铁炉和炼铁渣，附近发现铁板和铁斧百余件	唐云明，1959

这些遗址的时代上起战国中晚期，下至明代。部分冶铁遗址延续多个历史朝代，尤其是在铁矿资源比较丰富的地区。遗址以竖炉冶铁为主，也有少量遗址是坩埚炼铁和块炼铁。在部分冶铁遗址发现了铸造、锻打的遗迹，涵盖多道加工工序。一处冶铁遗址往往又有多个遗址点，遗址点具体数量无法精确认定，总数100余处，发现的冶铁炉残迹总数有110余处。依据这些资料可了解古代冶铁场的大致地理分布、整体布局，认识冶铁竖炉的结构与构筑材料；根据炉渣、积铁的分析结果，可以初步判断其冶铁技术水平等。

二、古代冶铁竖炉研究

当前研究古代冶铁竖炉的主要方式是复原炉体，根据考古遗物和炼铁原理初步估算产能，探讨古代冶铁竖炉的发展与演变，其中也涉及了块炼铁炉和冶铜竖炉。当前研究初步认为中国古代冶铁竖炉起源于冶铜炉；经过长期发展，战国到西汉冶铁竖炉已有炉腹角，炉容向大型化发展，出现了椭圆形竖炉；由于鼓风条件的限制，东汉以后竖炉向小型化、高效化发展；至宋代已出现炉身角，并基本定型；但炉型演变的转折时间点还有待新的考古发现予以证明（刘云彩，1978；韩汝玢和柯俊，2007：559-586）。

（一）广西贵港汉代块炼铁炉研究

近年在广西贵港地区发现了多处汉代块炼铁冶炼遗址。黄全胜、李延祥等采用金相、矿相、扫描电镜及能谱分析等方法，对炉渣、残铁块、矿石等冶金遗物进行成分和显微组织检测分析，认为炼铁渣均属铁硅系，铁矿石均为品位较高的磁铁矿，未使用助熔剂。其炉型以平南坡嘴遗址炼炉为例（图1-1），残高约0.55m，炉顶沿外翻，外径约0.80m、内径约0.60m，炉身内径约0.40m。炉底已坏，见生土，内径约0.20m、炉壁厚约0.10m，呈浅白色，无炉渣黏附，根据肉眼观察，判定该炉由白膏泥和河沙糅糊筑成，材质与鼓风管相同（黄全胜，2013）。

图1-1 平南坡嘴遗址炼炉

资料来源：李延祥供图

（二）湖北铜绿山冶铜竖炉研究

国内已发掘了内蒙古林西县（李延祥和韩汝玢，1990）、湖北大冶铜绿山（黄石市博物馆，1981）、安徽南陵（刘平生，1988）等多处先秦冶铜遗址，清理了数十处炼铜炉。特别是在铜绿山矿冶遗址ⅩⅠ号矿体，发掘出十余处保存较好的春秋早期炼铜竖炉。

铜绿山冶铜竖炉的外形是圆台状竖炉，基本上具备了鼓风炉的式样。竖炉由炉基、炉缸、炉身三部分组成。炉基中设有用于驱潮保温、防止炉缸冻结的风沟。炉缸壁上筑有便于处理排放口的金门和鼓风口。炉身均已坍塌，炉旁堆积着大量红烧土和炉壁残块。竖炉的不同部位选用不同的耐火材料修筑（黄石市博物馆，1981）。

卢本珊和华觉明、朱寿康和韩汝玢先后提出了相近的铜绿山冶铜竖炉复原方案（图1-2）：竖炉下方的沟道是防潮保温的"风沟"；竖炉两侧各有一个风口，采用皮囊鼓风。竖炉是连续加料运行，"金门"用来间断排渣放铜；炉墙内倾，炉身呈正锥形，呈现一定的炉身角（卢本珊和华觉明，1981；朱寿康和韩汝玢，1986）。

（三）河南西平县酒店乡赵庄战国晚期冶铁竖炉研究

这是国内目前已发现的最早的冶铁竖炉（图1-3）。有研究认为其炉体不是太小，炉料预热和铁的还原、渗碳都有足够大的空间。炉底设有防潮风沟，有利于铁水保温和防止炉缸冻结，亦见于铜绿山春秋冶铜竖炉，之后在冶、铸炉上多有沿用。炉腹角明显，炉缸和炉腹的横断面皆呈椭圆形，在鼓风能力较弱的情况下，风力也能到达炉缸中心。利用山坡筑炉，可减少筑炉工作量，也便于上料和出铁操作。使用模制的"耐火材料块"，既可快速筑炉，又能保证筑炉质量（何堂坤，2009；河南省文物考古研究所和西平县文物保管所，1998；李京华，1994a）。

（四）河南郑州古荥汉代"河一"冶铁竖炉的研究与复原

郑州古荥冶铁遗址是汉代重要的冶铁场所，规模巨大，保留了丰富的冶铁遗迹，是汉代"河一"铁官作坊所在地，成为研究汉代冶铁技术的重要依据。

在该遗址发现了两处椭圆炉基，其中1号炉基长轴约4m，短轴约2.8m，还发现了多块大型积铁。在1号竖炉南5m处挖出1号积铁，重20余吨。1号积铁的边缘立着一块条状的铁瘤，铁瘤与积铁成118°夹角，向外倾斜，高约2m。铁瘤靠炉壁的一面，顶点距离积铁平面0.8m以上，瘤与积铁平面下段也成118°夹角（图1-4）（郑州市博物馆，1978）。

古荥1号炉先后有三个复原方案。

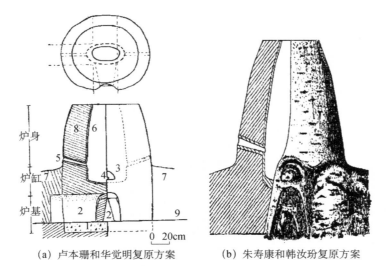

（a）卢本珊和华觉明复原方案   （b）朱寿康和韩汝玢复原方案

图1-2　铜绿山冶铜竖炉复原图

1. 基础；2. 风沟；3. 金门；4. 排放孔；5. 风口；6. 炉内壁；7. 工作台；8. 炉壁；9. 原始地平面

资料来源：卢本珊和华觉明，1981；朱寿康和韩汝玢，1986

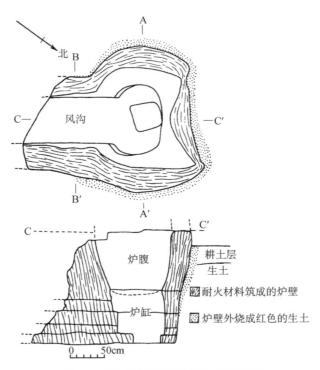

图1-3　西平酒店冶铁竖炉平面剖面图

资料来源：河南省文物考古研究所和西平县文物保管所，1998

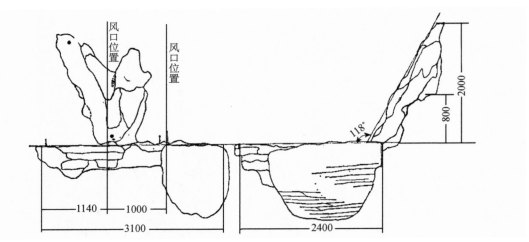

图1-4　古荥1号炉前的大积铁（单位：mm）

资料来源：河南省博物馆等，1978

　　1978年的复原方案（图1-5）认为：大积铁形状和1号炉底较为接近，推测积铁是在炉缸中形成的。积铁边缘有条状铁瘤向外倾斜118°，判断该竖炉炉腹角约62°，没有炉身角。铁瘤高约2m，又据现代小风量高炉内矿石软化还原开始形成液态铁的高度为高炉全高的40%—50%，推测其竖炉高5—6m。条状铁瘤顶部分叉，中有缺口，内侧朝向炉缸中心，呈圆锥状，顶角约60°。斜面一部分粘有耐火材料，说明铁瘤与耐火材料相接触。铁瘤分叉上部含碳量0.73%，下部含碳量1.46%，说明铁瘤上部在渣面以上，炉缸渗碳尚未进行。鼓风管的外衬缺口相连，并伸入炉内。由于炉径较大，风力达不到中心，将炉体横截面设计为椭圆形，以缩短风口与炉心之间的距离（图1-6）。风口共有4个，分列长轴两侧，每侧各有2个。从物料平衡的角度计算该炉日产量有0.5—1t（河南省博物馆等，1978）。

　　1992年，刘云彩对以上方案做了修正。他依据河北武安矿山村宋代竖炉有明显的炉腹角、炉身角，推测早期的高炉应该是内倾的，倾角约为79°；炉喉直径缩短为2.98m（长轴）和2.28m（短轴）。汉代高炉虽然体积较大，但鼓风囊的风压较小，炉身不会太高，仍为4.5m（刘云彩，1992）。

　　2004年的方案主要复原了炉型外观结构和冶铁场整体布局，结合现场遗迹遗存的分布，按照汉代驱动、传动机构的特征复原了鼓风系统。冶铁炉外观呈圆形，没有炉腹角和炉身角，炉体高度和直径没有重新探讨，沿用了1978年的复原方案（李京华，2006）。

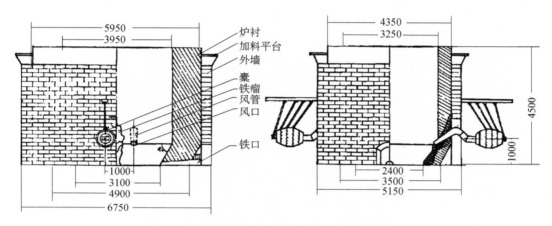

图 1-5 古荥 1 号炉复原图（直筒形方案）（单位：mm）

资料来源：河南省博物馆等，1978

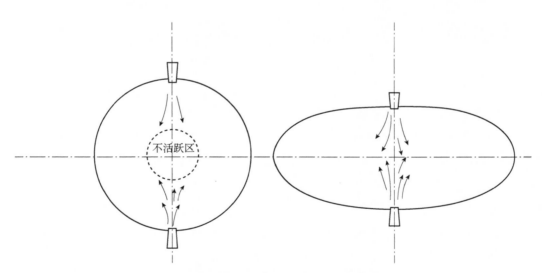

图 1-6 圆形与椭圆形冶铁竖炉鼓风效果比较示意图

资料来源：刘云彩，1978

（五）河南鲁山望城岗冶铁竖炉复原研究

鲁山望城岗冶铁遗址被认为是汉代"阳一"铁官作坊所在地。在该遗址发现的冶铁竖炉的炉基遗址（图 1-7）是继郑州古荥 1 号炉后又一重大发现（河南省文物考古研究所和鲁山县文物管理委员会，2002）。

图 1-7　鲁山望城岗冶铁遗址炉缸遗迹

资料来源：河南省文物考古研究所和鲁山县文物管理委员会，2002

李京华根据望城岗各遗迹的空间关系，以及与郑州古荥"河一"特大型炼炉进行对比认为：炉基正西埋有大块积铁，当为炉前位置，故出铁口向西。炼炉的出铁口处，挖一条向西直线延伸的排渣槽。炉缸东西向呈椭圆形，鼓风嘴应设置于南北向短轴两侧壁，便于风力达到炉的中心区域。炉子出铁口的前壁及炉子后壁处均最薄，两壁的外边呈南北直线形，炉子内部上下也应呈垂直形结构，即没有炉腹角和炉身角。炉基南北较长，可能建有斜坡，以供上料。炉后一排 4 个柱坑是安装鼓风炉的基础；同侧鼓风便于协调操作，以形成连续鼓风，优于古荥炉的鼓风布局，这可能是鲁山炉周围积铁较少的原因。该炉的日产量也在 1t 左右。炉基附近发现另外 3 个小型圆形竖炉炉基，说明鲁山炉的扩容实验仍然没有成功，最后还是向圆形、小型化发展。这对研究冶铁竖炉演变有重要意义（李京华，2006）。

（六）河南巩县铁生沟汉代"河三"冶铁遗址研究

巩县铁生沟冶铁遗址是国内发掘较早（1958 年）、工艺较全、规模较大的重要冶铁遗址，被认为是汉代"河三"铁官作坊所在地，成为研究汉代冶铁技术的重要依据。

该遗址发掘后，有两篇文献介绍了该遗址的发掘状况，并对各个炉体的功能做了初步推测（河南省文物研究所，1988；陕西考古研究所华仓考古队，1983）。1980 年，该遗址部分位置进行了再次发掘，入库样品重新做了分析和研究，重新认定个别竖炉的功能，对该遗址出土的各类炉位置、尺寸做了统计；对炉基、炉缸、鼓风管和黑色耐火材料做了深入分析和推测；认为"河三"冶铁遗址是汉武帝实行盐铁官营后建的，延续时间较长，以圆形炉为主，同时也进行了使用大型椭圆形炉的尝试（赵青云等，1985）。

（七）河南南召宋代冶铁竖炉研究

河南南召下村冶铁遗址现存 7 座冶铁竖炉，炉壁采用河卵石砌筑，石缝间填耐火泥，石壁外有一层 0.5m 厚的火烧土层。该遗址的年代根据出土瓷片和地层被定为宋代。其中保存较好的 6 号炉上壁内倾 78°左右，存在明显的炉身角。炉身角的出现是冶铁竖炉炉型的重大革新。高炉在冶炼运行中，炉内煤气上升，煤气温度随着上升而逐渐降低，煤气体积也收缩，从炉顶装入的炉料，在下降的过程中逐渐加热，炉身内倾结构恰好适应这种变化，从而改善恶劣煤气分布，节省大量能源。炉身内倾控制煤气沿炉壁气流发展，有利于冶铁竖炉向内发展；炉料在炼炉上部时呈现固体状态，炉身内倾可减少炉料下降对炉壁的摩擦，延长炉龄。有研究者认为关于冶铁竖炉上部形状的变化资料不足，因为保留下来的古代竖炉上部多毁坏，中国古代竖炉何时出现炉身角尚不清楚（韩汝玢和柯俊，2007）。

（八）河北武安矿山村宋代冶铁竖炉复原研究

河北武安矿山村宋代冶铁竖炉是现存最高的古代冶铁竖炉，仅存半壁，高约 6.4m，有明显的炉身角、炉腹角。刘云彩依据炉体外侧的照片绘制了复原简图（图 1-8），其炉身以上一直内倾，整体呈水瓶状（刘云彩，1978）。

（九）河北遵化铁厂冶铁炉

杨宽依据《涌幢小品》《春明梦余录》中对遵化铁厂竖炉的文字描述，对该炉做了复原计算，提出了该炉的四个要点：第一，炉深 3.843m，[①] 前面的出铁口内径 2 尺 5 寸（0.800m），后面的出渣口内径 2 尺 7 寸（0.864m），两侧鼓风口内径各 1 尺 6 寸（0.512m）。第二，整个炉身石砌，"牛头石"做内壁，"简千石"为炉门，两个风箱鼓风。第三，炼铁时以黑色磁铁矿粒为原料，淡红色萤石（氟化钙）为助熔剂。第四，每 3 个时辰（6 个小时）出铁 1 次，每昼夜出铁 4 次，最多连续使用 90 天（杨宽，1956：185-186）。

（十）广东佛山冶铁竖炉复原研究

刘云彩依据《广东新语》的记载绘制了清初佛山竖炉复原图（图1-9）。其炉型和中华人民共和国成立前云南流行的大炉相似；推算出炉缸内径 2.1m，炉喉内径 1.2m，高 5.6m。《广东新语》记载其炉日产十二版，一版十钧，合 2150kg（笔者注：当为 1800kg）；双倍是 4300kg（笔者注：当为 3600kg）。刘云彩认为，佛山高炉容积虽是古荥汉代 1 号冶铁竖炉的三分之一，但产量较之高 3.8 倍以上。由此推断，从汉到清初，高炉产量提高了 9—18 倍（刘云彩，1978）。

晚清以来，特别是 1958 年前后形成的调查资料显示，近代炉型更加多样化，小型竖炉多保留了传统炉型特征，并有所发展；一些大型竖炉保持了中国传统竖炉特征，也吸收了西方炉型设计样式，情况更加复杂，本书暂不涉及。

三、冶铁鼓风器的复原

鼓风技术对生铁冶炼有着重要的影响。20 世纪 50 年代起，冶金史和机械史研究者多从文献入手，对古代典型鼓风机械进行了复原研究。80 年代以后，研究者对中国传统鼓风器的技术演变、传播与比较进行了综合研究，并开展了实物调查。近年来，笔者依据文献资料对古代鼓风器开展了多项研究，如对世界古代鼓风器做了比较研究（黄兴和潜伟，2013a），对古代冶铁最常用的木扇（黄兴和潜伟，2013b），以及对活门这一关键结构对古代鼓风性能的影响等都做了专题研究（Huang and Li，2019）。

目前，研究者普遍认为，中国在战国时期已将鼓风橐应用于冶炼；汉代开始利用水力、畜力驱动鼓风设备；唐宋时期出现了木扇；宋元时期将木扇与唧筒结合起来，发展出双作用活塞式风箱，使用广泛。

---

① 以明代营造尺（官尺）为参照，1 尺合 32cm（见：丘光明，邱隆，杨平. 2001. 中国科学技术史·度量衡卷. 北京：科学出版社：406-408.）

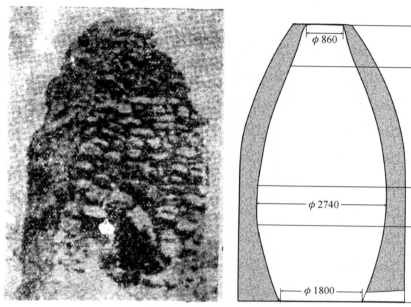

图1-8 武安矿山村竖炉复原图（单位：mm）

资料来源：黄兴据刘云彩供图重绘

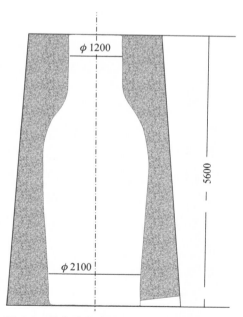

图1-9 佛山清代高炉复原图（单位：mm）

资料来源：黄兴据文献（刘云彩，1978）原图重绘

本书将对这些设备能够提供的风压、风速、风量等参数进行计算，为竖炉冶铁过程提供数据支持。这需要厘清古代典型鼓风设备的结构，下面着重对研究者前期的复原作一介绍。

（一）对鼓风橐的复原

鼓风橐是最早的冶金鼓风机械。1959年，李崇州在复原元代王祯《农书》卧轮式和立轮式水排时，绘制了韦囊结构示意图（图1-10）（李崇州，1959）。

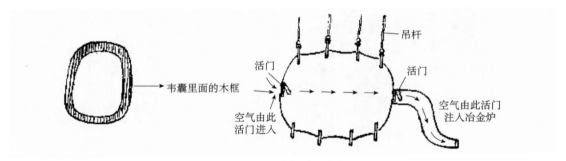

图1-10　韦囊构造示意图

资料来源：李崇州，1959

王振铎据山东省滕县（今滕州）宏道院汉画像石锻铁鼓风图复原了鼓风橐（图1-11）（王振铎，1959），制作出1/5模型。这一复原方案为学界所认同和广泛引用。

（二）对王祯《农书》水排的复原

研究者对王祯《农书》卧轮式、立轮式水排的复原研究开展得最早，但是，该书中各种版本的卧轮式水排图都有错误，无法运转。杨宽根据《农政全书》（清道光癸卯重刊本）和《农书》（武英殿聚珍版）上的收录绘制了卧轮式水排复原图（杨宽，1955）。然其旋鼓与卧轴之间的横杆位置不甚明确，可能是抵住旋鼓上沿，使之只转动而不前后摇摆。这样实际效果并不好，旋鼓会左右摆动；也可能没有抵住旋鼓，这样就没有发挥任何作用。对此，李崇州、刘仙洲、李约瑟（Needham，1962）先后提出了自己的复原方案。刘仙洲与李约瑟的复原方案合理可行，内容基本一致。

王祯《农书》中的立轮式水排只有文字记载，没有插图。研究者（李崇州，1959；杨宽，1959；华觉明，1999）对此也做了讨论和复原（图1-12）。1962年，刘仙洲制作了"马排"推想图，其驱动与传动机构，与卧轮式水排图一致，鼓风机构也是采用木扇（刘仙洲，1962）。

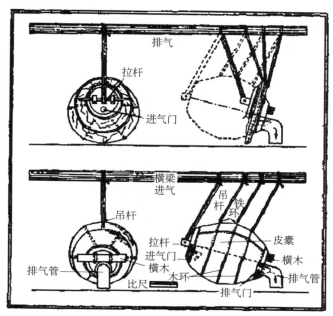

图 1-11　滕县宏道院汉画像石鼓风机复原图

资料来源：王振铎，1959

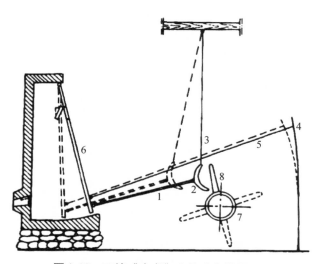

图 1-12　王祯《农书》立轮式水排复原图

1. 木篑；2. 偃木；3. 秋千索；4. 劲竹；5. 捧索；6. 排扇；7. 卧轴；8. 拐木

资料来源：华觉明，1999：330

（三）对木扇的复原

杨宽参照北宋《武经总要》（明代正德年间刊本）中的"行炉"图绘制了行炉复原图（图1-13）（杨宽，1956：106），主要是修正了原图中炉体、箱体和支脚等细节。这个复原方案被其后的多部冶金史、机械史著作所引用。

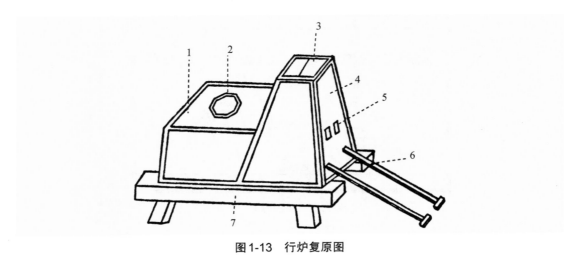

图1-13　行炉复原图

1. 炉；2. 炉口；3. 梯形木风箱；4. 木扇扇板；5. 扇板的活门；6. 木扇推拉杆；7. 木架
资料来源：杨宽，1956：106

在此方案中，木扇箱体和扇板都呈梯形，上窄下宽。在初始位置，扇板正好容纳。扇板以上缘为轴向内转动，下缘的水平位置就会升高，木扇内部宽度变窄。木质的箱体会把扇板卡住。从实际应用讲，木扇为了保证气密性，要做得严丝合缝，越是如此，扇板越将无法向内转动。这种复原方案需要进一步讨论。

杨宽还依照元代《熬波图》（罗振玉藏本）铸造铁柈图绘制了化铁炉复原图（杨宽，1956：104）。但四个木扇拉杆都用一个横杆连了起来，这导致两个木扇只能同步运行，鼓出来的风是间断性的，不能持续。

《熬波图》现存的版本有两个系列，一是《四库全书》本，录自《永乐大典》，另一是"罗振玉藏本"[①]，有学者认为"罗振玉藏本"可能是在嘉庆年间摹写自《四库全书》，也可能流传自《永乐大典》之外并列的一版（吉田寅，1996）。

两个版本的铸造铁柈图中拉杆都被人挡住，看不到；但《四库全书》中，远处木

___

① 由罗振玉在1914年收集，后有三种刊本：《雪堂丛刻》（1914年）、《吉石庵丛书》（1916年）、《上海掌故丛书》（1936年），被认为摹自《永乐大典》。

扇盖已向内推进，这说明两个木扇并非同步运行。而罗振玉藏本在摹写时忽视了这一细节，这可能是杨宽将两组木扇的拉杆错误地连在一起的原因。

（四）水力鼓风传动机构的复原

清末来华德国人绘制了雅安市荥经县黄泥铺（今凰仪古镇）水力鼓风冶铁图（图1-14）（Essenwein，1866），但将传动机构误绘成了曲柄与曲轴的"组合体"，导致拉杆转动时会被轮轴挡住，无法运转。我们认为实际结构有两种可能：一是设计成曲柄，即左侧支架应该位于风箱与水轮之间；另一是设计成曲轴，即拉杆左侧也安装一个曲柄，轴从中间断开。

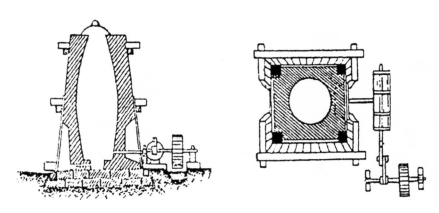

图1-14　四川荥经县黄泥铺水力鼓风冶铁资料图

资料来源：Essenwein，1866

第二节　国外古代冶铁炉研究概况

关于国外古代冶铁技术研究已有较多积累。其研究视野、理念和方法有很多领先之处，不少学者做了大量实地考察和一些模拟冶炼，并采用了计算机数值模拟辅助研究，值得我们借鉴。

一、欧洲冶铁炉研究

欧洲在中世纪以前一直用块炼法冶铁，这种方法属于低温固态还原，用碗式炉、拱式炉和低矮竖炉，冶炼出来的是熟铁，类似于海绵状，与渣混在一起，需要反复捶打除去残渣，再渗碳制成各类钢铁制品。12—13世纪之后开始用竖炉冶炼液态生铁；18世纪以后，高炉冶铁技术迅猛发展，极大地推动了工业革命进程。国外学者对西方高炉做了大量研究，本书重点关注炉型部分的研究。

早在16世纪，德国矿冶学家阿格里柯拉（Georgius Agricola，1494—1555）在《论金属》（*De re Metallica*）中总结了古罗马以来欧洲人掌握的冶金知识和技术经验，配有200余幅实地临摹插图，保存了大量信息（Agricola，1912）。第八、九两卷描述了当时的冶铁技术，绘图展示了冶铁场工作场景及木囊结构与组装原理（图1-15、图1-16）。

图1-15 《论金属》冶铁场工作场景

资料来源：Agricola，1912：357

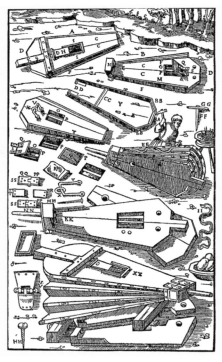

图1-16 《论金属》木囊结构与组装原理

资料来源：Agricola，1912：365

当代欧洲冶金考古学者对块炼铁炉做了大量调查，复原了欧洲早期块炼铁碗式炉、拱式炉和竖炉。

R. F. Tylecote在*A History of Metallurgy*一书中考察复原了早期块炼铁碗式炉、拱

式炉和竖炉（Tylecote，1976）。碗式炉体型较小，半地穴式碗状，通常是在地上或岩石上挖一个坑，碎矿石和木炭混装或分层装入炉中，上面加盖；使用鼓风器为炉内鼓风（图1-17）。炉内最高温度能达1150℃。这种炼炉没有出渣口，炉渣向下流到底部结成渣底，还原出来的海绵状铁与渣混合在一起。冶炼结束后，打开炉体上部，取出海绵铁。块炼炉随建随拆，完整炉体保留下来的较少。该书作者也考察了德国的拱式炉（图1-18）、东英格兰的竖炉和北欧的直筒形竖炉，绘制了复原示意图（图1-19、图1-20）。

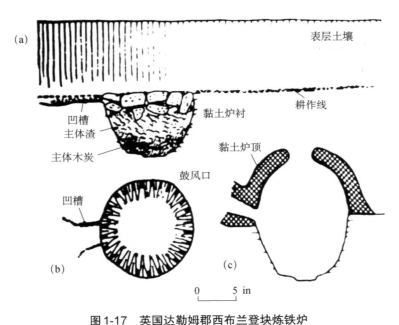

图1-17　英国达勒姆郡西布兰登块炼铁炉

a. 地层剖面图；b. 块炼铁炉平面图；c. 块炼铁炉剖面图

资料来源：Tylecote，1976：42

  A. K. David考察和复原了格鲁吉亚多地公元前10世纪至公元19世纪的块炼铁炉（图1-21），其炉型与英国块炼铁炉基本相同；总结了不同时期的碗式炉和竖炉（David，2009）。

  R. Pleiner考察复原了欧洲罗马时期的块炼铁炉及竖炉（图1-22）（Pleiner，2000），复原了9世纪捷克东部小型块炼铁炉生产工艺场景（图1-23）（Pleiner，2011）。

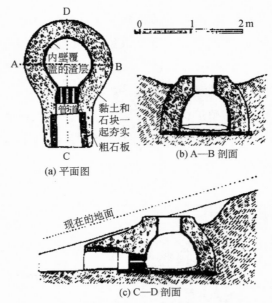

(a) 平面图

(b) A—B 剖面

(c) C—D 剖面

图 1-18　德国恩格斯巴塔尔的拱式炉复原图

资料来源：Tylecote，1976：42

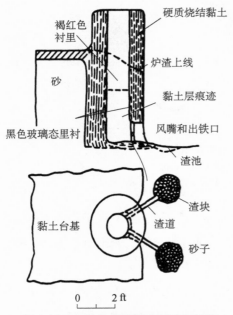

图 1-19　东英格兰直筒形竖炉复原图

资料来源：Tylecote，1976：60

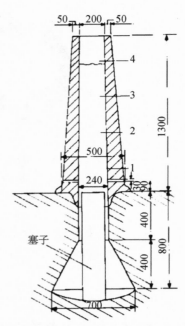

图 1-20　北欧和北欧日德兰半岛直筒形竖炉复原图

（单位：mm）

资料来源：Tylecote，1976：47

图1-21 格鲁吉亚古代冶铁场复原图

资料来源：David，2009：116

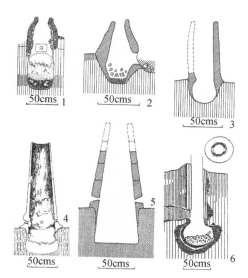

图1-22 古罗马时期块炼铁碗式炉及竖炉

1.捷克波西米亚 Podbořany，1 号炉，La Tène 文化（公元前 480—前 51 年）晚期；2.德国格拉 Tinz，5 号炉，罗马-蛮族时代早期；3.捷克布拉格波德巴巴，6 号遗址，罗马-蛮族时代；4.德国沙姆贝克可移动竖炉，公元 2 世纪；5.波兰圣十字山典型砖砌炉复原图，罗马-蛮族时代；6.波兰 Lgolomia 炉，建于坑内，公元 2—3 世纪

资料来源：Pleiner，2000：151

图1-23 9世纪捷克东部小型块炼铁炉生产工艺场景

资料来源：Pleiner，2011：297

查尔斯·辛格等主编的《技术史·第Ⅱ卷》"地中海文明与中世纪"中收录了中世纪欧洲多地冶铁炉,如法国科西嘉块炼铁炉、西班牙加泰罗尼亚炼铁炉、奥斯蒙特炼铁炉、莱茵河流域鼓风炉等。前3种炉只能生产块炼铁;而莱茵河流域中世纪鼓风炉已经具备一定的炉容、炉型,可以冶炼生铁。该书中对炉型的演变过程做了探讨(图1-24)(查尔斯·辛格等,2004a)。

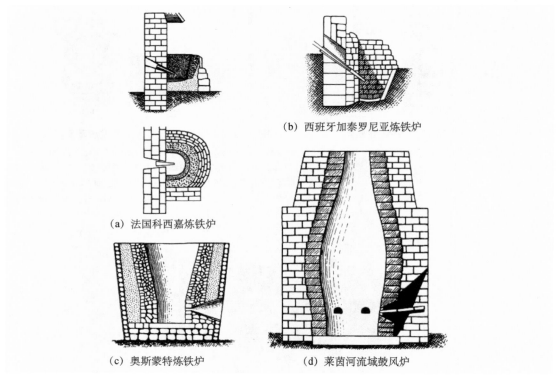

(b) 西班牙加泰罗尼亚炼铁炉

(a) 法国科西嘉炼铁炉

(c) 奥斯蒙特炼铁炉

(d) 莱茵河流域鼓风炉

图1-24 欧洲多地冶铁炉的炉型
资料来源:查尔斯·辛格等,2004a:50

目前欧洲已发现的可以冶炼液态生铁的早期竖炉遗址共有4座,属于12—13世纪,其中2座位于德国凯斯佩水坝(Kerspe-Dam)(图1-25、图1-26)(Jockenhövel,1997),1座位于瑞典拉普坦(Lapphyttan)(图1-27)(Magnusson,1995),1座位于瑞士杜斯特尔(Dürstel)(Tauber and Serneels,1997)。Albrecht Jockenhövel对凯斯佩水坝的竖炉做了深入研究,复原了该炉的炉型及水力鼓风生产场景(Jockenhövel,1997,2013)。

图1-25　德国凯斯佩水坝冶铁竖炉遗址1号炉址

资料来源：Jockenhövel，1997

图1-26　德国凯斯佩水坝冶铁竖炉遗址2号炉址

资料来源：Jockenhövel，1997

图 1-27　瑞典拉普坦冶铁竖炉遗址

资料来源：Magnusson，1995

此外，还有学者考察了近代欧洲炉型的发展，如 W. J. Gilles 考察了近代以前欧洲各地块炼铁炉、高炉，对欧洲炼铁炉炉型发展做了总结和比较（Gilles，1952）；C. David 对世界各地自 18 世纪以来的各种热风炉使用起始年代、使用的燃料和使用状况进行了详细的列表统计（David，1984）等。

二、非洲冶铁炉研究

19 世纪 E. Thomas 关于鼓风器的著作（Thomas，1858），以及查尔斯·辛格等主编的《技术史·第 I 卷·远古至古代帝国衰落》中都提到了西非苏丹地区达富尔人使用小型无活门皮囊鼓风（图 1-28），采用外热法低温还原生产海绵铁的原始技艺（查尔斯·辛格等，2004b）。铁矿放在小型坩埚内，坩埚外是木炭堆，没有外层炉体。这种早期的皮质鼓风囊只有一个通道与外界空气连通，既是进风口，也是出风口。所以风嘴需要与火堆保持一定距离，不能插入火堆内，否则会将火倒吸入皮囊中。这样就只能利用气流的动压强力吹入木炭堆中。即只能采用外部加热的方法，使用坩埚冶炼，而非冶炼炉。这种技艺保留了最原始的古代冶铁方式。

图1-28　苏丹近代原始炼铁技艺复原图

资料来源：查尔斯·辛格等，2004b：389

　　W. Ellis 和 J. J. Freeman 从鼓风器传播的角度考察了非洲马达加斯加岛原住居民块炼铁冶炼技艺（Ellis and Freeman，1838）。他们发现原住民将树干掏空制成双缸鼓风筒冶炼块炼铁，与亚洲爪哇（Fontein et al.，1990）、苏门答腊等地的类型完全一致（Ellis and Freeman，1838；Raffles et al.，1817）。这成为研究南亚居民西迁的一个线索。其炉型与欧洲的块炼铁炉接近（图1-29）。

图1-29　马达加斯加岛生产块炼铁场景复原图

资料来源：Ellis and Freeman，1838：308

R. F. Tylecote 在 *A History of Metallurgy* 一书中也列举出了在尼日利亚乔斯附近发现的公元前 300 年非洲早期矮竖炉，并绘制了复原示意图（图 1-30）（Tylecote，1976）。

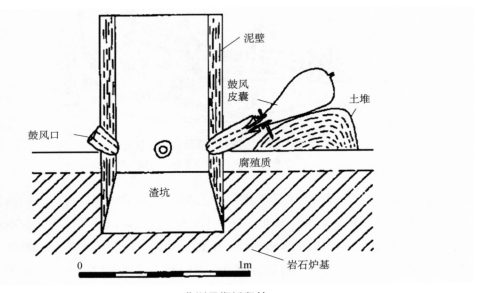

图 1-30　非洲早期矮竖炉
资料来源：Tylecote，1976：47

三、亚洲冶铁炉研究

R. F. Tylecote 对印度的冶金史进行了概述，并对各种冶金炉的构造和冶炼过程进行了研究，复原了印度的炼锌炉和炼钢炉（Tylecote，1984）。

20 世纪 80 年代以来，斯里兰卡古代冶铁遗址研究取得了较大的进展。一是关于斯里兰卡阿腊口腊瓦瓦的自然通风炉，另一是撒马纳腊瓦瓦以季风为鼓风动力的开放性矮炉。在后一项研究中，使用了 CFD 方法进行数值模拟分析，开展冶铁模拟试验，得到了丰富的成果（Tabor et al.，2005；黄全胜和李延祥，2006）。

这些炼炉并列排布，单面筑有直线形的单墙，前墙上设置一排进风管；炉内东西长 0.5m，南北长 1.2—2.3m，安装有一个半永久性的 C 形伸长形状的黏土墙框架；炉体高度都不超过 0.5m。

每年 6—9 月是斯里兰卡的季风季节。在撒马纳腊瓦瓦都会出现风速快且干燥的西或西南季风。研究人员推测当地人利用季风为炼炉鼓风。为了验证利用季风鼓风冶铁的可行性和考察气体流向，研究人员开展了冶铁试验和数值模拟两种方式的研究。

第一部分是根据考古发掘得到的数据，复原鼓风炉，进行冶铁模拟实验（图1-31），验证了利用季风鼓风的可行性。

图1-31　撒马纳腊瓦瓦炼炉冶铁模拟实验

资料来源：Tabor et al.，2005

第二部分建立计算机模型，利用CFD软件进行仿真计算，算出空气流动路径、炉内温度分布以及各区域之间的传热状况，从更具体、更深入的层面来考察这种冶炼技术。

模拟实验的炉渣、炉壁的玻璃状形态以及冶炼后碎片残骸的排列特征与考古发掘发现的特征基本一致，说明模拟实验较为准确地重复了古代冶铁的冶炼过程。

实验的铁产品分为两种。金相观察发现，积在炉内上一层的分离状"铁坯"，是典型的低碳块炼铁；处在下层，与炉渣连接在一起的凝固很好的金属主要是高碳钢，约占金属冶炼产量的50%。在考古发掘的炉渣中没有发现金属遗存，在田野试验中出现了金属与炉渣不完全分离的现象，这是该实验的缺憾。

数值模拟结果显示，该炉结构使得炉床顶部形成低压区，炉前形成高压区，产生了一定的压力差，利用这个压力差实现自然鼓风，非常巧妙（图1-32）。

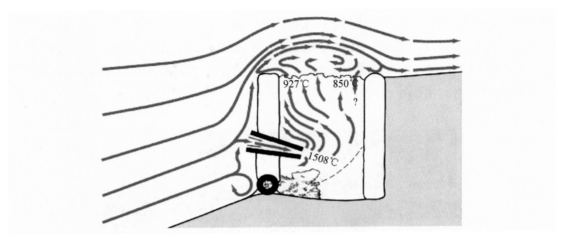

图1-32 撒马纳腊瓦瓦纵炼炉截面的空气流动图

资料来源：Tabor et al.，2005

该研究使用的数值模拟技术是继传统实验研究和理论研究之后的一种新方法，已为现代科学技术领域研究所广泛使用，可以对十分复杂的过程开展科学计算，输出多种可视化、定量化的模拟结果。

综上所述，国外冶金史研究者对古代块炼铁炉的研究较为丰富，非常重视野外考察，注重对冶炼场所周边地形的考察。国外研究者还采用了田野实验和计算机模拟的手段，对古代冶铁进行复原和深入研究，值得我们借鉴。

第二章
古代竖炉冶铁史料梳理
与探讨

古代文献记载一直是技术史研究的重要依据。古代与竖炉炉型直接相关的文献记载并不多，但与竖炉冶铁有关的记载如生铁制品、鼓风设备、冶铁场组织运营等并不少，具有重要的史料价值。这些记载多见于古代史籍、矿冶专著、百科知识、综合类书、私人笔记及文献汇编中。在本章中，我们将根据这些文献所记述内容，从生铁起源、冶炼工艺及冶铁鼓风三个方面进行解读和探讨。

第一节　生铁起源与早期传播

记载先秦历史的文献中有很多关于铁矿分布和用铁的文字，研究者常将之与中国铁器起源联系起来。

《管子·轻重乙》（管仲，1989）：

> 一农之事，必有一耜、一铫、一镰、一锥……请以令断山木，鼓山铁，是可以毋籍而用足。

这里的"断山木，鼓山铁"讲了伐木制炭，采矿鼓风冶铁的事情。另外，《管子·海王》《管子·地数》也记载了冶铁、用铁的事例。

《国语·齐语》记载，管仲向齐桓公建议（上海师范大学古籍整理组，1978）：

> 美金以铸剑戟，试诸狗马；恶金以铸锄、夷、斤、斸，试诸壤土。

郭沫若认为"美金"可能是青铜，"恶金"可能指生铁，这句话可看作春秋末期至战国末期用生铁铸造农具的例子（郭沫若，1954）。

《左传·昭公二十九年》载（左丘明，2000）：

> 冬，晋赵鞅、荀寅帅师城汝滨，遂赋晋国一鼓铁，以铸刑鼎，著范宣子所为刑书焉。

这段文字历来有多种解释。

其一，"鼓"为量具，可作为量词。即，晋大夫赵鞅、荀寅领兵到汝水之上筑城，乃对晋国（晋都）征收了"一鼓铁"用来铸造刑鼎，鼎上铸了由范宣子所制定的刑书（左丘明，2000；孔颖达，2000）。但此种解释也有反对之说（左丘明，2000；陈建樑，1995）。

其二，"鼓"即鼓橐、鼓风，原本是动词。在实际冶炼中，一旦开炉，若中途停风，就会造成炉缸冻结引发故障。此处将其用作量词，意为赵鞅等征收了一次鼓炼所产的铁，用来铸造刑鼎（左丘明，2000；北京钢铁学院《中国冶金简史》编写组，1978）。

其三，"一"是指"统一"；"铁"为"钟"之误，"钟"与鼓相同，均为容量单位。即，赵鞅等人在晋国收取赋税，统一容量单位，铸鼎（当为铜鼎），上有范宣子所为刑书（黄展岳，1976）。

前两种解释的相同之处是从晋都征集了一批铁，并铸造成鼎。由于块炼铁属于熟铁，其熔点接近纯铁的熔点1535℃，古代技术条件下，无法将其熔化。用铁铸鼎表明这里的铁可以熔化，所以应当是生铁。这反映了当时已经有了生铁冶炼铸造技术。这段文字被当作已知的、确切反映中国古代生铁冶炼技术的最早文字记载。

先秦文献的成书时间常有些不同观点，或者认为一段时间累积而成，中间收入了后人的观点。《管子》主要记载了齐国名相管仲的言行，但其成书时间是战国至秦代，非一人一时之笔，西汉刘向曾重辑。《国语》多认为系春秋末鲁国的左丘明所撰；但有现代学者从内容分析，认为是战国或汉后的学者托名春秋时期各国史官记录的原始材料整理编辑而成的。但《左传》的成书时间还是比较明确的，而且当前考古发掘出了大量5世纪前的铁器产品，说明这些文献记载有一定的可信度。

此外，还有一些文献记载了更早的冶铁事例。但经后人考证，这些文献中神话传说的成分居多，主要有以下一些：

南朝梁时陶弘景著《古今刀剑录》记载夏代冶铁（陶宗仪，1986）：

> 孔甲在位三十一年，以九年岁次甲辰，采牛首山铁铸一剑，铭曰爽。

《越绝书·越绝外传记宝剑》记载春秋时期楚国相剑家风胡子对楚王讲述（袁康，1936）：

> 欧冶子、干将凿茨山，泄其溪，取铁英，作为铁剑三枚。当此之时，作铁兵，威服三军，天下闻之，莫敢不服。此亦铁兵之神。

《吴越春秋·阖闾内传》中也有干将制剑的文字记载（赵晔，1937）：

> 干将作剑，采五山之铁精，六合之金英，……而金铁之精，不销沦流，于是干将不知其由。……于是干将妻乃断发剪爪，投于炉中，使童女童男三百人鼓橐装炭，金铁乃濡，遂以成剑，阳曰干将，阴曰莫邪。

《古今刀剑录》《越绝书·越绝外传记宝剑》《吴越春秋·阖闾内传》中的记载都不可作为早期生铁冶炼的直接证据，只能认为这些作者认为其所记述的时代有了冶铁或用铁的活动（唐际根，1993；袁珂，2007）。这些早期文献中都没有涉及冶铁竖炉及炉型的内容。

文献记载，在汉代时中原地区生铁冶炼技术开始西传。

《史记·大宛列传》记载（司马迁，1959）：

> 自宛以西至安息国，……其地皆无丝漆，不知铸钱（集解：徐广曰：多作"钱"字，又或作"铁"字）器。及汉使亡卒降，教铸作他兵器。

《汉书·西域传》中也有相同的记载（班固，1962：3896）。这段话多被认作西域生铁技术是由中原地区传入的证据（章鸿钊，1921；杨宽，1956：32；唐际根，1993）。

除了以上文献，还有一些记载与铁有关，但与生铁或生铁冶炼技术没有明显关系，前人已有讨论，此处不再提及。

第二节　古代冶铁工艺

秦汉以后的冶铁活动已非常普遍，文献对此开始有了较为翔实的记载，从中可以窥见那时冶铁活动的一些面貌和技术细节。

《汉书·五行志》记载（班固，1962：1334）：

河平二年（公元前27年）正月，沛郡铁官铸铁，铁不下，隆隆如雷声，又如鼓音，工十三人惊走。音止，还视地，地陷数尺，炉分为十，一炉中销铁散如流星，皆上去，与征和二年（公元前91年）同象。

这段文字很精彩生动。冶金史研究者认为这是世界上最早的关于高炉事故的记载。"铁不下"明显是发生了悬料事故。炉内有"雷声""鼓音"，后炉体崩塌，显然是继悬料之后，又发生崩料事故，巨大的冲击导致炉体开裂。一般来讲，造成悬料的原因有两方面。一是炉型不合理。随着炉料下行受热膨胀，炉壁内径没有随之增加，炉料容易挤压在一起，严重时就会悬料。二是煤气分布及热制度失常，这是由于鼓风不均匀，造成热震荡，炉料升温软化后，温度又降低，导致黏结在一起；炉壁上也会形成炉瘤，导致悬料。悬料之后，随着下方炉料下行、排出，悬空的部分越来越大，终于崩塌即为崩料。目前考古发现的汉代竖炉均为夯土筑成，炉身角不够明显，容易引起悬料和崩料，很可能是这次事故的主要原因。"工十三人惊走"说明汉代此规模的冶炼现场有13个工匠。竖炉一旦开始冶炼，就会昼夜不停，冶炼现场至少需要2个班次，即26人左右。现场之外，还有采矿、运输、整料等工作需要更多人。

北宋张方平《乐全集》卷三十九《朝散大夫右谏议大夫知相州军州同郡牧事上柱国赐紫金鱼袋赵郡李公墓志铭》记载了北宋庆历年间徐州利国冶铁基地的崩料事故，导致冶铁停滞，无法上缴铁课，当地经济也受到冲击（张方平，1983）：

利国监总八冶，岁赋铁三十万。冶大善崩，崩则罢鼓，官课不供，徐之高赀率以冶败，民告无聊。公亲往视之，得所以然，因以新意，为作小冶，功省而利倍，徐人于今便之。复召充盐铁副使，迁太常少卿。

这条史料的信息同样很丰富。"冶大善崩"指出了经常发生崩料事故的原因是冶铁炉过大。从田野调查来看，宋代北方竖炉已经采用石块砌筑，炉身角相对明显，造成悬料的主因不在于此。更可能是炉容过大，鼓风能力跟不上、不稳定，引起热制度失常所致。李宗咏调研分析后改建炉容较小的冶铁炉，小炉所需鼓风量小，这样就避免了崩料事故。

北魏郦道元《水经注》卷二引用《释氏西域记》（郦道元，1989）：

屈茨北二百里有山，夜则火光，昼日但烟，人取此山石炭，冶此山铁，恒充三十六国用。故郭义恭《广志》云：龟兹能铸冶。

《释氏西域记》出于晋朝释道安之手，是4世纪的作品（岑仲勉，1962）；这段文字被作为西域在魏晋已有冶铁术的证据之一（郭沫若，1954：340）；当代研究者多认为此文献是中国古代用煤炼铁的最早记载。

宋代也有文献提到用煤炼铁。1078年，苏轼任徐州地方官，在《石炭（并引）》一诗中述说用煤炼铁的好处（苏轼，2011）：

> 彭城旧无石炭，元丰元年十二月，始遣人访获于州之西南白土镇之北，以冶铁作兵，犀利胜常云。
>
> ……
>
> 南山栗林渐可息，北山顽矿何劳锻。为君铸作百炼刀，要斩长鲸为万段。

当然，用煤炼铁会带来很多问题。比如煤中的硫会渗入铁中，形成熔点为1190℃的硫化亚铁（化学式：FeS）。FeS+Fe共晶体的熔点更低，为989℃，以离异共晶的形式分布在晶界上。后期对钢进行锻造等热加工时，加热温度常在1000℃以上，这时晶界上的FeS+Fe共晶熔化，导致钢开裂，即造成钢的热脆性。此外，煤在高温下较为柔软、易松散，难以对炉料提供有力支撑。

笔者近年来在与北京大学考古文博学院合办的湖南桂阳矿冶考古夏令营中，也曾用竖炉、煤开展炼铅试验，发现比用木炭冶炼难度增加很多。例如煤的密度大，引起炉缸压力显著增加，造成鼓风、排渣困难；用通条清理炉门，捅风口的难度也增加等；由于煤的密度大，同等炉容所需鼓风量也随之增加，鼓风跟不上，导致燃烧不充分，炉温下降。现代高炉冶炼需要将煤炼制成焦炭，再投入高炉。这些文献所记载的是否是用煤冶炼生铁受到怀疑（刘培峰等，2019），是块炼铁、坩埚炼铁或是铸铁、锻铁的可能性似乎更大一些。

但事情总有例外。山西阳城在很长一段时间内就使用"白煤"——一种高品质的无烟煤来炼铁。无烟煤固定碳含量高，挥发分产率低，密度大、硬度大、燃点高、发热量很高。阳城地区的无烟煤抗碎强度最好。其他地区也会购进阳城白煤用于锻造或铸造。河北武安地区的考古调查和发现也支持北宋时期存在煤炼铁[①]。古代是否曾经用煤冶炼生铁这一学术问题尚需深入调查研究。

明代焦炭炼铁较为普遍。成书于1650年前后的《物理小识》卷七曾叙述炼焦及

---

① 目前北京科技大学李延祥教授等在河北武安地区发现了很多冶铁遗址，其中一些系用煤炼铁，其研究成果尚未发表。

用焦炭炼铁的过程（方以智，2019：538）：

> 煤则各处有之，臭者烧熔而闭之，成石；再凿而入炉，曰礁。可五日不绝火，煎矿煮石，殊为省力。

1664年成书的《颜山杂记》也有关于焦炭和用焦炼铁的论述（孙廷铨，1983）：

> 采石黑山，铸而为铁，百石之炉，三合之屑，火烈石礁，风生地穴，清气如珠，玄精为液，得柔斯和，过刚或折，作为剑器，蛟龙可截，以钢性易脆，生不若熟也。

《颜山杂记》的作者孙廷铨曾于康熙二年（1663年）请山西冶铁工匠到青州用焦炭炼铁（毛永柏等，1859）。

1932年修《榆次县志》记载（张敬颢，1942）：

> 铁冶，在县北五十里阴山下铁冶沟，古出铁矿。宋时常于此置冶，今巨石堆垒，遗迹尚存。

这条文献说明宋代山西榆次冶铁炉已经采用石砌。石砌炉体是古代冶铁竖炉发展过程中的重要一步。本书后面章节中将会对此进行深入介绍和论述。

宋代福州地方志《淳熙三山志》出现了"高炉"一词（梁克家，1983）：

> 炉户　坑冶附，炉在州及县七十一户。州，炉户四：高炉二，岁各输四千省；小炉二，岁各输二千省。闽县，炉户四：岁各输三千一百一十七文省。候官县，炉户八：岁输同上。连江县，炉户八：岁各输六千一百一十七文省。蒋洋南北山铁坑：加贤上里，淳熙三年佃户岁输五千省，五年增一千省。长溪县，炉户二十三：高炉八，岁输各三千一百一十七文省；平炉十四，一千九百五十文省；小炉一，一千三百省。

此处的"高炉"当指高大的炉子，很可能即冶炼生铁的竖炉。"小炉"可能指小型冶铁竖炉，也可能是块炼铁炉或炼钢炉。"平炉"目前还难以解释清楚，但应该不是现代的炼钢平炉。这里出现的"高炉"一词与现代汉语中的冶铁高炉相同。何堂坤等学者倾向于将古代生铁冶炼炉称为"高炉"。相比之下，竖炉体现了炉内炉料运行方向，有更多的含义，本书因此使用这一称谓。在古代文献记载中，对冶铁竖炉的称谓还有"铁炉""蒸矿炉""大鉴炉"等。

元代成书的《熬波图》中"铸造铁柈（盘）"一节，记述了化铁炉铸造铁柈（盘状铸铁，用来熬盐）的工序，配有图片（图2-1），当中有一座铸铁炉和木扇（陈椿，1983）：

> 铸造铁柈。熔铸柈各随所铸大小用工铸造，以旧破锅镬铁为上。先筑炉，用瓶砂、白磻、炭屑、小麦穗和泥，实筑为炉。其铁柈沉重，难秤斤两，只以秤铁入炉为则。每铁一斤，用炭一斤，总计其数。鼓鞴煽，熔成汁，候铁熔尽为度。用柳木棒钻炉脐为一小窍，炼熟泥为溜，放汁入柈模内，逐一块依所欲模样泻铸。如要汁止，用小麦穗和泥一块于杖头上抹塞之即止。柈一面亦用生铁一二万斤，合用铸冶、工食所费不多，大柈大小十余片，中盘四片，小盘二。

> 谁将红炉生铁汁，泻入模中随巨细，神槌击后皆有用，良冶收功在零碎。闲看炉鞴弃荒郊，当时闹热今如水。

这段文字内容丰富，介绍了筑炉、熔化、出铁、铸造等多个环节的工序。虽然是铸铁炉，但其很多细节与冶铁炉相近。例如，鼓风装备、出铁方式、炉体外侧用铁链盘绕防止炉体意外开裂等。

图2-1 《熬波图》铸造铁柈图

资料来源：陈椿，1983：31B-32A

明清时期文献出现了对冶铁技术的细致描述，反映出冶铁技术已经为著书者所关注和了解。这也是当时的知识分子更加注重社会生产的一种写照。

明代《涌幢小品》成书于天启元年（1621年），在卷四《铁炉》一节详细描述了明政府的重要冶铁基地——河北遵化的高炉构造（朱国祯，1998）：

> 遵化铁炉，深一丈二尺，广前二尺五寸，后二尺七寸，左右各一尺六寸，前辟数丈为出铁之所，俱石砌，以简千石为门，牛头石为心，黑沙为本，石子为佐，时时旋下。用炭火置二犅扇之，得铁日可四次。妙在石子产于水门口，色间红白，略似桃花，大者如斛，小者如拳。捣而碎之，以投入水，则化而为水。石心若燥，沙不能下，以此救之，则其沙始销成铁。不然，则心病而不销也。如人心火大盛，用良剂救之，则脾胃和而饮食进，造化之妙如此。

> ……生铁之炼，凡三时而成。熟铁由生铁五六炼而成。钢铁由熟铁九炼而成。其炉由微而盛，由盛而衰，最多至九十日，则败矣。

《涌幢小品》为明末朱国祯著，记载明朝掌故，大至朝章典制、政治经济、徭役、仓储备荒，小至社会风俗、人物传记。作者熟悉明代之事，所记多质实可信。

在清代《春明梦余录》中也有一段文字介绍遵化铁厂。经过对比，这两段文字相差无几。

明代的遵化铁厂是当时国内主要的炼铁基地，政府军器用铁主要取自该厂。正德年间傅浚曾主持该厂，著有《铁冶志》二卷。该书全面介绍了遵化铁厂的经营情况，收集了大量有关遵化冶铁的民俗资料，但该书未经刊刻，现今国内未见流传，只在《明史艺文志》中有记载[①]。《涌幢小品》和《春明梦余录》中关于该厂冶铁竖炉和冶铁技术的记载即出自傅浚的《铁冶志》。

1570年前后成书的《徽州府志》有焙烧矿石的记载（彭泽，1502）：

> 既得矿，必先烹炼，然后入炉。

这里焙烧矿石显然是为了改善矿石的冶炼性能，成为冶炼前的一道工序。

明代宋应星的《天工开物》是一部介绍古代生产工艺的"百科全书"著作，初刻

---

① 近年来，有学者在俄罗斯圣彼得堡国立大学发现清代抄本《铁冶志》（索书号：Xyl.1235），系清人赠予俄国东正教传教士，后流传至圣彼得堡国立大学并保存至今。

于1637年，有多处内容涉及生铁冶炼活动和鼓风技术。该书卷十四《五金》记载了铁矿勘探与开采、生铁冶炼、炒钢、灌钢等重要内容，特别是记载了冶铁竖炉的构筑和运行情况（宋应星，2018：16A）：

> 凡铁炉用盐做造，和泥砌成，其炉多傍山穴为之，或用巨木匡围。塑造盐泥，穷月之力，不容造次，盐泥有镈，尽弃全功。凡铁一炉载土二千余斤，或用硬木柴，或用煤炭，或用木炭，南北各从利便。扇炉风箱，必用四人、六人带拽。土化成铁之后，从炉腰孔流出，炉孔先用泥塞，每旦昼六时，一时出铁一陀，既出，即又泥塞，鼓风再镕。凡造生铁为冶铸用者，就此流成长条、圆块，范内取用。

《物理小识》卷七《金石类》也提到南方冶铁竖炉用盐水和泥筑成（方以智，1983：23A）。

《广东新语》成书于1690年前后，介绍了炉型、筑炉材质与环境、鼓风、冶炼时节与场景以及产量等（屈大均，1985）。

> 炉之状如瓶，其口上出，口广丈许，底厚（周）三丈五尺，崇半之，身厚二尺有奇。以灰沙盐醋筑之，巨藤束之，铁力、紫荆木支之，又凭山崖以为固。炉后有口，口外为一土墙。墙有门二扇，高五六尺，广四尺，以四人持门，一阖一开，以作风势。其二口皆镶水石，水石产东安大绛山，其质不坚。不坚故不受火，不受火则能久而不化，故名水石。
>
> 凡开炉始于秋，终于春，以天气寒凉，铁乃多水。金为水之源，水盛于冬，故铁水以寒而生也。
>
> 下铁矿时，与坚炭相杂，率以机车从山上飞掷以入炉，其焰烛天，黑浊之气，数十里不散。
>
> 铁矿既溶，液流至于方池，凝铁一版，取之。以大木杠搅炉，铁水注倾，复成一版。凡十二时，一时须出一版，重可十钧。一时而出二版，是曰双钧，则炉太王，炉将伤，须以白犬血灌炉，乃得无事……日得铁二十余版则利赢，八九版则缩，是有命焉。

道光初年严如熤《三省边防备览》记述陕西汉中一带的冶铁炉情况（严如熤，1822）：

　　铁炉高一丈七八尺，四面橡木作栅，方形，竖筑土泥，中空，上有洞放烟，下层放炭，中安矿石。矿石几百斤，用炭若干斤，皆有分两，不可增减。旁用风箱，十数人轮流曳之，日夜不断火，炉底有桥，矿碴分出，矿之化为铁者，流出成铁板。每炉匠人一名辨火候，别铁色成分，通计匠佣工每十数人可给一炉。其用人最多，则黑山之运木装窑，红山开石挖矿，运矿炭路之远近不等，供给一炉所用人夫须百数十人。如有六七炉，则匠作佣工不下千人。铁既成板，或就近作锅厂，作农器，匠作搬运之人，又必千数百人，故铁炉川等稍大厂分，常川有二三千人，小厂分三四炉，亦必有千人、数百人。

　　这些文献记载已经相当明确、详细，从中可以发掘出大量信息。

　　由此可知，清代陕西的冶铁炉大体上和广东的冶铁炉相同，炉身也高一丈七八尺，用橡木（直径 7—8cm）作方形围栏，用泥土夯筑。使用风箱鼓风，而不是木扇。每炉需要工人十数人。其中多数负责轮班鼓风，昼夜不停，还有若干上料人员。最关键的是辨别火色的工匠。而为了供给一个冶铁炉，其上游的开矿、烧炭、运输人员则需要一百多人。下游铸锅、制作农具等匠人、搬运工等，也需要大致相等的人数，总计200—300人。一个较大冶铁场，有6—7座冶铁炉，与之相关的人数两三千人，小型冶铁场，有3—4座炉，也需要数百乃至上千人。规模不可谓不大。这说明冶铁炉的人力成本非常高；也表明了冶铁炉的经济效益很高，能够养得起这么多劳动力；也进而说明当时的冶炼技术已经达到了很高的水平。

第三节　冶铁鼓风技术

　　古代文献中有不少关于鼓风器的文字或图像，已经得到冶金史研究者的关注。古代竖炉炉型与鼓风技术也存在极其密切的关联。相比于建炉材料和燃料强度等因素，鼓风技术限制性因素较少，容易发挥人的主观能动性；各地区、各时代的鼓风器更加多样化。炉型设计与鼓风技术双向互动，在鼓风性能的挖掘达到一定上限时，古人在木炭烧制、炉型设计等方面展开了革新。由此种种，鼓风器的发展经历了丰富多彩的发展历程，值得专门研究。笔者在已发表的文章中对世界范围内的古代鼓风技术已有梳理和比较（黄兴和潜伟，2013a）。在本书中，为了使读者能够更容易理解后面的内容，在已有研究基础上，重点将鼓风技术与竖炉冶铁技术相结合进行分析和探讨。

一、冶铁竖炉鼓风需求分析

具体而言，竖炉冶铁对鼓风能力的要求有两个方面。

第一是风量。炉腹以下的温度至少为1400℃，才能保证生铁保持液态。这就需要强化冶炼，即通过大量鼓风，提高燃烧速度，在单位时间和空间内产生更多的热量。一旦停止鼓风，很快炉料就会凝结，炉壁也会结瘤，发生故障。但过量鼓风也不好，气体流速过快，氧气与木炭来不及反应，会降低炉内的还原性气氛；也会影响煤气对矿石的还原。为了提高炉温，还需要尽量让炉体保温，减少热量散失。

第二是风压。竖炉内部炉料向下运行过程中，逐渐被还原，需要足够的还原行程；而且炉体越高，热的利用效率越高。所以古代竖炉高度基本都在3.5m以上，甚至达到6m多。在炉底形成很大压力，要想鼓入足够多的风量，必须有足够的鼓风压。

风压有静压、动压和全压之别。空气流动时，在正对气流运动方向遇到表面完全受阻，此处流体速度为0，压力增大，此压力称为全受阻压力，简称全压或总压（P）；未受扰动处的压力即静压，为标量（$P_{静}$）；两者之差，称为动压（$P_{动}$）。冶铁竖炉属于内热型，为了充分利用燃烧热、保证一定的炉料行程，炉料的高度都在3.5m以上，料层会软化甚至液态化，具有一定的气密性，炉内由此形成较高的静压；冶铁竖炉内部的静压有助于促进CO还原铁矿石的气固反应。同时炉内还需要维持一定的动压，保证煤气顺畅上行。

古代鼓风器的鼓风原理与现代鼓风机相同，可以分为容积型和速度型两大类。容积型鼓风器如皮囊、木扇、风箱等，为密闭结构，做功部件都通过往复运动实现容积压缩[1]，对空气做功鼓风，能产生较高的静压。古代的速度型鼓风器即离心式扇车，能产生较大的流量，但转速低导致风压很低。所以古代冶金、炊事等与产生高温有关的场合都使用容积型鼓风器，而扇车只能用于粮食清选。

设鼓风器气压P和风量（体积流量）Q，两者乘积的量纲是能量量纲。设外界驱动功率N，η为鼓风器机械效率[2]，据能量守恒定律有

$$dN = \eta(dPQ + dN') \tag{2-1}$$

---

① 现代容积型风机除了往复式还有回转式，回转式又可细分为滑片式、螺杆式、转子式等子类，结构较为复杂。

② η包含了鼓风器内摩擦生热、活塞式鼓风器往复运动的惯性力、气体内能增加与对外传热、内部涡流与气体泄漏等造成的能量损耗。

式2-1对所有类型鼓风器都适用，它从功率、效率、排气压和排气量四方面描述了鼓风过程。鼓风器整体性能由外界驱动力的功率决定；机械效率由设计结构和制作工艺共同决定，对能量利用和发挥有重大影响；排气压与排气量成反比，由驱动力和面板（或皮革、叶轮）面积决定。即驱动功率一定时，如果追求高风压，就会降低流量；反之亦然。这两个参数又决定了鼓风器的使用效果，是描述鼓风器性能的主要指标。

二、古代鼓风器比较

古代冶金场所使用的容积型鼓风器的结构、原理和性能比较见表2-1。从与冶金技术发展相结合的视角来看，鼓风技术的发展共历经了四个大的阶段，其标志分别是：吹管及原始鼓风皮囊的使用、大型活门式皮囊的出现、水力与畜力鼓风的应用、木质封装鼓风器的出现。中国古代鼓风技术较早地完成了这四个阶段的演变。

（一）原始鼓风器

吹管属于鼓风辅助器械，与人的肺腔组成皮囊结构，可提供较高的鼓风压力（成年人呼气压上限为7.89—18.62kPa），但排气量受肺活量限制，产生的气流中，含氧量低于正常空气，只适于小型冶炼。吹管使用很广，起源很早，具体时代尚不可考，部分场合至今还在使用。公元前2400年的古埃及塞加拉（Saqqara）墓石刻图像（图2-2）显示古埃及金匠已经用吹管鼓风（查尔斯·辛格等，2004b）。

表2-1　世界古代冶金鼓风器分类

序号	名称	使用地区	鼓风结构	封装材料	做功部件	运行方式	作用类型	原动力	用途
1	吹管	世界各地						人力	炊事、锻冶
2	无活门皮囊	非洲		皮革	皮革				
3	手动开闭皮囊	东欧、中南亚	皮囊式			平动	单作用		
4	橐	中国						人力、畜力、水力	锻冶、通风
5	单筒皮囊	中亚		皮、木混合	面板			人力	
6	双筒皮囊	欧洲							
7	双筒皮囊	北非、中亚				摆动		人力、水力	
8	木囊	欧洲							锻冶、通风、汲水

续表

序号	名称	使用地区	鼓风结构	封装材料	做功部件	运行方式	作用类型	原动力	用途
9	压气管	欧洲、中亚	水压式	木质	水	—	单作用	水力	吹奏、报时
10	喷水管	欧洲							锻冶、吹奏
11	钟式鼓风器	欧洲							锻冶
12	楔形木扇	欧洲	活塞式	木质	活塞	摆动		人力、水力	锻冶
13	木扇	中国							
14	踏鞴	日本							
15	天平鞴	日本							
16	双缸风箱	越南、老挝					单作用	人力	
17	双缸风筒	马达加斯加				平动			
18	双缸鼓风器	欧洲						人力、水力	
19	双活塞风筒	马达加斯加						人力	
20	箱橐	日本							
21	活塞式风箱	中国					单、双作用	人力、水力	炊事、冶金

资料来源：黄兴和潜伟，2013a

图2-2 古埃及塞加拉墓吹管熔炼墓石图像

资料来源：查尔斯·辛格等，2004b：389

原始的鼓风皮囊性能略好于吹管，通过手或脚来驱动，风压和风量显著提高；气流含氧量正常。但容积较小，只有一个风嘴，同为进风、出风口，需要将风嘴与炉体风口保持小段距离，这样鼓风器不能与炉体形成密闭结构。只能缩小风嘴面积，提高鼓风动能以增加动压，改善供风。气体利用率较低，只能用于小型冶炼或锻造。

原始皮囊的形象最早见于公元前 1500 年的古埃及底比斯墓脚踏鼓风墓石（Thomas，1858：237）（图 2-3），近代非洲达富尔人原始冶铁工艺仍在使用这种皮囊。在中国古代文献中尚未确认原始鼓风皮囊的文字记载，也未见到图形记录，但它是鼓风器发展的必经阶段，对冶金技术的发明与早期发展产生了积极作用。

图2-3　古埃及底比斯墓脚踏鼓风墓石画像

资料来源：Thomas，1858：237

（二）大型皮囊与活门

随着冶金业的发展，对鼓风技术的要求逐渐提高，鼓风器进入第二发展阶段。

一方面是鼓风器的大型化。中国古代文献对鼓风器的记载早在战国时期已出现，称之为"橐"。《墨子·备穴》记载："具炉橐，橐以牛皮，炉有两瓯，以桥鼓之百十。"（周才珠和齐瑞端，1995）这种皮囊鼓风器是将牛皮蒙在瓯上制成，采用双瓯组合鼓风。"桥"本身有连接的含义，可能是连杆，一端连着牛皮，一端由人手持。人推拉连杆鼓风，能够站立起来，借助腰腿力量，以更舒适的姿势来工作，而不是直接抓住牛皮面操作。

另一方面是安装活门，即在皮囊上另开了一个气流入口，吸气时敞开，排气时关闭，实现气流单向流动。这样风嘴就可以插入炉内，与炉体形成闭合空间，不会将炉内火焰倒吸回鼓风器内，从而显著提高了风口风压和气体利用效率。

这种皮囊的活门有两类。一类是在皮囊操作端开口，安装木质把手，采用手动方式开闭活门，此种鼓风器被称为浑脱。这种鼓风器的起源时代尚无据可考，但近代以来仍在使用，如近代日本北海道附近的南千岛群岛（叶贺七三男，1976）（图2-4）、现代西藏民用火灶（图2-5）及云南炼铜厂，印度（Thomas，1858：236）及欧洲吉卜赛民族（Forbes，1971）等多有使用。

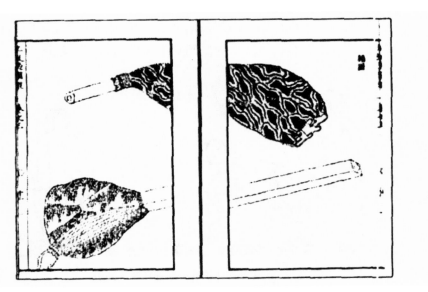

图2-4　《北蝦夷图说》浑脱图

资料来源：叶贺七三男，1976

图2-5　拉萨娘热乡传统火灶所用鼓风器

资料来源：拉萨市娘热民俗风情园展出（黄兴摄）

　　另一类是采用自动活门,即在鼓风皮囊面板进风口内部安装活动挡板,吸气时自动打开,排气时自动关闭;鼓风压力越高,气密性越好。

　　在山东滕县宏道院发现的1—3世纪(东汉)鼓风锻造画像石(图2-6)历来为研究者所关注(叶照涵,1959)。如前所述,王振铎对此做了复原。作为锻铁炉,所配备的鼓风器会比冶铁炉小一些,但其形制应该是相同的。

图2-6　山东滕县东汉鼓风锻造画像石(局部)
资料来源:中国国家博物馆藏(黄兴摄)

　　中国新疆地区也使用过楔形皮木混合鼓风器(图2-7),其形制与欧洲的鼓风器属于同类(图2-8),在北方地区以及日本也有应用。

图2-7　新疆地区使用的楔形鼓风器
资料来源:新疆阿拉泰地区文物博物馆藏(潜伟摄)

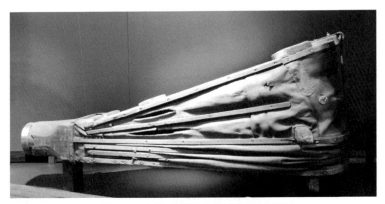

图2-8　古代欧洲使用的楔形鼓风器
资料来源：德国鲁尔博物馆藏（潜伟摄）

中国活门式皮囊的起源时期尚不可考，但鉴于竖炉冶铁需要强劲的风力，吹管或原始皮囊无法满足这一需求，所以可能至迟在公元前6世纪，发明生铁之前，活门式皮囊就出现了。

（三）畜力与水力鼓风

水力与畜力的应用使得鼓风技术的发展进入第三阶段。在冶铁生产中，鼓风需要耗费极大的劳力，从事重复性劳动。利用人力以外的能源鼓风，可以大幅降低冶铁成本，获得更为强劲的动力，有利于增加炉容，扩大产量，提高能源利用率。

《后汉书·杜诗传》记载公元31年南阳太守杜诗（范晔，1965）：

> 造作水排，铸为农器，用力少，见功多，百姓便之。（李贤注：冶铸者为排以吹炭，令激水以鼓之也。"排"常作"橐"，古字通用也）

《三国志·魏书·韩暨传》记载三国时韩暨（陈寿，1959）：

> 后选乐陵太守，徙监冶谒者，旧时冶作马排（裴注：蒲拜反，为排以吹炭），每一熟石用马百匹；更作人排，又费功力；暨乃因长流为水排，计其利益，三倍于前。在职七年，器用充实。

这两段文字记载了东汉及三国时期应用水排、马排鼓风。"排"可能是并排在一起的鼓风橐组，交替推拉，持续供风。杜诗、韩暨都曾推广水排，即用水力驱动多个橐以鼓风冶铁。

若用水流驱动，其原动机构必然是一个水轮。从原理上讲，水轮无论是卧式还是立式，利用连杆都可以将转动转化为往复运动，带动鼓风器工作。根据目前的机械史研究，中国的水轮大约出现于西汉末，最初用来驱动水磨加工粮食，稍晚于古罗马。另一方面表明水排或马排必然安装了活门，实现了风向自动控制。所以，水排和马排的出现具有多方面的重大意义。

水力鼓风在魏晋南北朝继续使用。《太平御览》记载（李昉等，1960：3717）：

> 北济湖本是新兴冶塘湖。元嘉初，发水冶，水冶者，以水排冶。令颜茂以塘数破坏，难为功力，茂因废水冶，以人鼓排，谓之步冶。湖日因破坏，不复修治，冬月则涸。

水力鼓风冶铁在北宋和元代也见记载，苏轼《东坡志林》记载（苏轼，1981）：

> 《后汉书》有"水鞲"，此法惟蜀中铁冶用之，大略似盐井取水筒。

元代王祯经多方搜访，在其所著《农书》中收录了当时的立轴式和卧轴式两种水排。立轴式水排有配图：水流冲激水轮，通过连杆带动风箱鼓风（王祯，2014）。但王祯《农书》现存的"武英殿聚珍版"、《四库全书》本以及《农政全书》收录的水排传动机构绘图都有问题，无法正常运转（图2-9）。刘仙洲、李约瑟等做了复原，提出了可行的传动方案。

图2-9　王祯《农书》水排图（明嘉靖九年刻本）

资料来源：王祯，2014：547-548

有观点认为,至少在汉代,在全国范围内冶铁鼓风主要动力仍然是人力或畜力,而非水排。考古调查显示,古代冶铁场多临近河流。这可能是为了用水方便,也为利用水力鼓风提供了条件,但尚无实证。王祯《农书》中讲当时水排很少见用,经多方寻访才得其概;清代《广东新语》《三省边防备览》等记载的大型冶铁场采用人力鼓风,说明水排受地理、季节、水文影响较大。

（四）木扇与风箱

随着木工工具的改进和木质材料的使用,冶金鼓风器由皮制改为木质,冶金鼓风器发展进入第四个阶段。木扇与双作用活塞式风箱被沿用至今。

皮囊式鼓风器缺点较多,如厚度有限,承受的压力不能太高,笨重不便操作,折叠过程机械损耗较多,需要经常润滑,耐用性较差等;逐渐被木质封装的活塞式鼓风器所取代,而活门机构、水力驱动系统等被传承下来。木质封装可承受更高的气压,也能做得更大,能提供很高的气压和流量;采用活塞式结构,依靠活塞板往复运动鼓风,机械效率高于皮囊式鼓风器。

木扇是已知最早的木质鼓风器,其图形最早见于北宋曾公亮、丁度主编的《武经总要》,其卷十二《守城》中有《行炉图》(图2-10)。

其中有文字描述(曾公亮等,2017):

行炉熔铁汁,舁行于城上以泼敌人。

表明行炉系将木扇与炉体装在一起,在城墙上熔化铁水,向攻城的敌人泼洒。

这段文字更早见于唐代《神机制敌太白阴经》(李筌,1937)、《通典》(杜佑,1984),在宋代《太平御览》(李昉等,1960:1547)、《虎钤经》(许洞,1983)、《海录碎事》(叶廷珪,1983)、《三朝北盟会编》(徐梦莘,1987)及明代《筹海图编》(郑若曾和邵芳,1990)中都有相近的引用,但未配图。可以认为这段文字源于《神机制敌太白阴经》。

据考证,《神机制敌太白阴经》是第一部收纳"人马医护""武器装备""军仪典制""古代方术"等内容的兵书(张文才,2004),开创了古代兵学著述新体例。清人汪宗沂据《通典》等辑《卫公兵法辑本》(即已佚《大唐卫公李靖兵法》,成书时间当早于《神机制敌太白阴经》),其卷下《攻守战具》中也收录了行炉等战具的内容。但有文章认为该卷并非《大唐卫公李靖兵法》的内容,应辑自《神机制敌太白阴经》

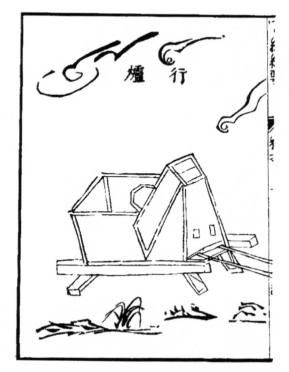

图2-10　《武经总要》行炉图（明嘉靖三十九年本）

资料来源：曾公亮等，2017：740

（郭绍林，2002）。照此，行炉等器具的内容则是该书作者考察、总结得到，而非转引。该书很可能是记录行炉的最早文献，行炉最早使用年代，当在唐乾元之前。

在敦煌榆林窟第3窟（开凿于西夏）壁画《千手观音经变》中有两个锻铁场景，左右对称分布（图2-11、图2-12）。各有一架木扇，由一个人左右手一拉一推，同时操作，保证持续供风。但木扇盖上没有画出活门。作为艺术作品，这种忽略可以理解。

元代《熬波图》中清晰地绘制了元代使用的大型木扇（图2-1），该木扇为双木扇组合，由四人鼓风。

明代《永乐大典》卷五一九九《太原志》记载（马蓉等，2004）：

> 铁冶一处，在榆次县罕山南。金末时煽炼，元废，今微有遗迹。

从"煽炼"一词可见金末榆次冶铁也是使用木扇鼓风。

图2-11 敦煌榆林窟第3窟《千手观音经变》锻铁图（左）

资料来源：北京科技大学冶金与材料史研究所，2011：24

图2-12 敦煌榆林窟第3窟《千手观音经变》锻铁图（右）

资料来源：杨宽，1956：图版十三

　　此外，清代《广东新语》（屈大均，1985）、20世纪30年代重庆小型钢铁厂的调查报告（周志宏，1955）都记载了使用木扇鼓风的内容。刘培峰等在山西调查时发现了制作于20世纪50年代的木扇盖板（刘培峰等，2017），见图2-13。

　　古代图像只反映了木扇的外观，木扇内部还应当有两个关键结构：一是下底板内形要做成下凹面状，与扇盖下沿的活动曲面形成配合；二是出风口安装活门，防止炉内热空气倒流。

图2-13 晋城市泽州县传统冶铁木扇扇板

资料来源：刘培峰等，2017

在欧洲，1550年前后，德国工匠洛辛格尔（Hans Lobsinger）将楔形皮囊改造为全木质结构的楔形木扇（图2-14）（Calvör，1763）[①]。楔形木扇很快向法国、英国等传播，在冶金场所广为使用，可用水力直接驱动木扇、配重提升复位。

中国乃至世界古代最精巧的鼓风器当数双作用活塞式风箱。学界对此已有大量研究。其特点是推拉过程中都可以鼓风。往复式鼓风器完成一次鼓风，工作机构往返运动次数越少，鼓风速度和机械效率越高。其他所有往复式鼓风器一个活塞一次往复运动本质上只能完成一次鼓风；而双作用活塞式风箱一次往复运动完成两次鼓风，提高了鼓风速度和机械效率。同时，此种小型风箱只要单手即可操作，另一只手可以做别的工作，使用十分便利。

---

① 《论金属》中收录了多种鼓风器，但未见到楔形木扇，可能当时尚未传播开。

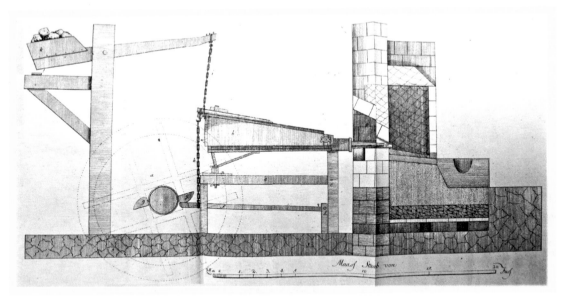

图2-14　欧洲水轮驱动、凸耳带动且有配重的全木质楔形鼓风器

资料来源：Calvör，1763：XIII

　　古代文献中关于双作用活塞式风箱的记载有很多处。目前研究多认为双作用活塞式风箱发明于宋代（李约瑟，1999：148；陆敬严和华觉明，2000）。关于方形风箱的构造类型、出风管道的布局已有多篇文献探讨（戴念祖和张蔚河，1988；冯立昇，2004；张柏春等，2006）。其图形最早见于南宋刊刻的《演禽斗数三世相书》"锻铁图""锻银图"（图2-15）。在这两幅图中，炉子旁边露出了一段风箱，上面有一个把手，应该是与活塞板相连的推拉杆。由于是锻造炉，风箱的尺寸较小。此两图被认为是最早的活塞式风箱图。近年来有研究者从服饰角度认为《演禽斗数三世相书》为明代成书（史晓雷，2015）。但北京科技大学李延祥教授考察发现西夏已经存在陶质双作用活塞式鼓风器，所以宋代时已经有了双作用活塞式风箱这一观点，还是立得住的。

　　明代《天工开物》中有20余幅绘有活塞风箱的插图，描绘出它们在不同熔炼炉上的使用情形（图2-16、图2-17）。从书中各种文字叙述及插图可知，不同熔炼炉所用风箱的大小尺寸不同。其中有只需一人操作的小风箱，也有需"合两三人力"操作的大风箱，特别是"炒铁炉"上所用的风箱，尺寸更大一些，原文记载"必用四人六人带拽"。

图2-15　《演禽斗数三世相书》中的风箱

资料来源：陆敬严和华觉明，2000：132

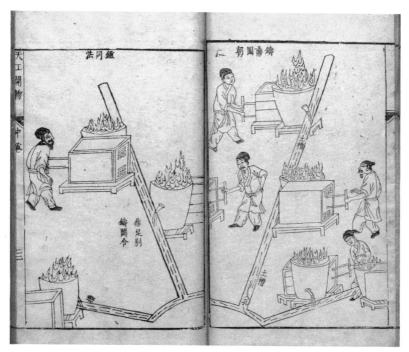

图2-16　《天工开物》小型风箱图

资料来源：宋应星，2018：209

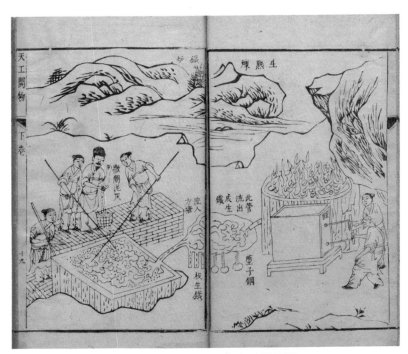

图2-17 《天工开物》大型风箱图
资料来源：宋应星，2018：337

明代成书的《鲁班经匠家镜》是目前所见最早对活塞风箱做出完整文字描述的著作（午荣等，1606）：

> 风箱样式：长三尺，高一尺一寸，阔八寸，板片八分厚；内开风板，六寸四分大，九寸四分长。抽风横仔八分大，四分厚，扯手七寸长，方圆一寸大。出风眼要取方圆一寸八分大，平中为主。两头吸风眼每头一个，阔一寸八分，长二寸二分。四边板片都用上行做准。

清代郑复光的《费隐与知录》也对活塞风箱做了较多的描述，介绍了南方和北方活塞风箱的不同类型，在塞板周围施以羽毛，防止空气泄漏（郑复光，1985）。

清人徐珂著《清稗类钞》"工艺类·制风箱"一节中，对这种风箱的结构及工作原理有详细的描述（徐珂，1984）：

> 风箱以木为之，中设鞲鞴，箱旁附一空柜，前后各有孔与箱通。孔设活门，仅能向一面开放，使空气由箱入柜，不能由柜入箱。柜旁有风口，藉以喷出空气。用

时，抽鞲鞴之柄使前进，则鞲鞴后之空气稀薄，箱外空气自箱后之活门入箱。鞲鞴前之空气由箱入柜，自风口出。再推鞲鞴之柄，使后退，则空气由箱后之活门入箱，鞲鞴后之空气自风口出。于是箱中空气喷出不绝，遂能使炉火盛燃。

清末写实画报《北京白话画图日报》中设"营业写真"专栏，图文并茂，描绘了当时很多行业的营业情状，当中有一篇关于做风箱的写真，栩栩如生地摹写了光绪、宣统年间上海及邻近地区工匠制作风箱的场景（王稼句，2002）：

> 风箱作里做风箱，杉板四块将笋镶。中间鸡毛漆一簇，机关扇动风内藏。自古风来须空穴，箱口故将小洞缺。莫怪谚言比做扇风箱，空穴来风冷瑟瑟。

风箱除了方形，在冶金场所还多见筒形。筒形结构可以将气体径向压力转化为切向张力，可通过箱壁自身或箍的拉力予以抵消，这样就能承受更高的压强而保持不变形，避免接缝扩大。很多地方的大型筒形风箱是用一整段大树掏空制成。这种原生木料整体加工制成的箱体，除两端面板接口处，没有其他缝隙，筒体内部受力分布均匀，高压下的气密性得到有效保障。此外，等周长条件下，圆形围成的面积大于矩形，即同等材料，筒形风箱容积更大。

18世纪末荷兰人范罢览（A. E. van Braam Houckgeest）在广东获得的中国画匠绘制的补锅图上绘有小型筒形风箱（图2-18）（Wertime，1964）。此图在欧洲流传很广，被改绘成多种版本。

图2-18　18世纪末广东补锅图中的小型筒形风箱

资料来源：Wertime，1964

清代《滇南矿厂图略》介绍大型冶铜筒形风箱口径"一尺三至一尺五寸，长一丈二三"，需要三个人同时操作（吴其濬，1994）。1877年的调查资料记录了四川荥经县黄泥铺冶铁竖炉使用水力驱动、筒形风箱鼓风（图1-14）（Essenwein，1866）。Lux的调查资料展示了1910年江西（或湖南）某地用筒形风箱冶铁（图2-19）（Lux，1912）；鲁道夫·霍梅尔（Rudolf P. Hommel，1887—1950）展示了1927年安徽大通附近的筒形风箱照片（鲁道夫·霍梅尔，2012）。1958年"大炼钢铁"时云南、河南等多地仍在使用筒形风箱（杨宽，1956：125，180）。20世纪60年代孙淑云调查了云南鹤庆县土法炼铅厂的筒形风箱，使用水力驱动，曲柄与连杆传动（图2-20、图2-21）（Sun，1996—1997）。

宋代以来，精巧、高效的双作用活塞式风箱已经普遍使用，那为什么相对简单的木扇在冶金场所依然存在，而没有被替代呢？其原因可能如下。

从需求来讲，木扇虽然只能在推的时候单向鼓风，但组合起来就能实现连续供风，小型木扇一个人可以完成，大型木扇两个人也可以完成。大型活塞式风箱其实很重，需要两个人来驱动，这样从劳动力角度来讲两者是相等的。活塞式风箱结构较为复杂，制作和维护成本略高；木扇以土墙为箱体，只有一个扇板是木制的，貌似粗笨，实则结实耐用。

此外，木扇推拉杆与扇板的连接点位于后者下部，箱内气压对扇板的等效作用点位于扇板中心。鼓风的时候，扇板起到了省力杠杆的作用，更容易产生较大的静压。

图2-19　清末江西（或湖南）的筒形风箱

资料来源：Lux，1912

图2-20　云南鹤庆土法炼铅厂的筒形风箱
资料来源：孙淑云摄

图2-21　云南鹤庆土法炼铅厂水力驱动风箱
资料来源：孙淑云摄

即与同等截面的风箱相比，木扇更容易获得高排气压。在传统冶金场所，鼓风工人认为使用木扇鼓风更有力，是有道理的（图2-22）。笔者复原制作了一架单木扇实物，在2016年8月与北京大学考古文博学院合作的冶金考古实验夏令营（北京房山）等活动中，用于小型冶铜竖炉鼓风（图2-23），实际使用鼓风有力，效果很好。

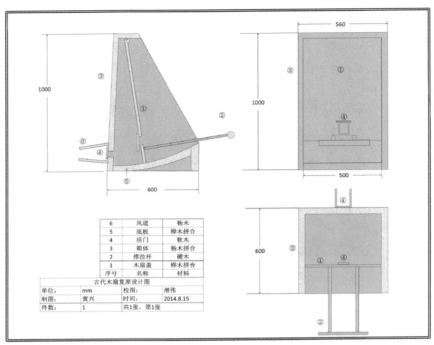

6	风道	杨木
5	底板	榫木拼合
4	活门	软木
3	箱体	杨木拼合
2	推拉杆	硬木
1	木扇盖	榫木拼合
序号	名称	材料
古代木扇复原设计图		
单位：	mm	校图：	潜伟
制图：	黄兴	时间：	2014.8.15
件数：	1	共1张，第1张	

图 2-22　单木扇复原结构设计图

资料来源：黄兴绘

图 2-23　使用单木扇鼓风冶铜

资料来源：黄兴摄

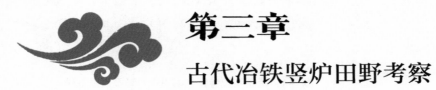

第三章

古代冶铁竖炉田野考察

第一节 概 述

古代竖炉冶铁留下了大量实物资料，包括冶炼遗址、遗物和遗迹等，从中可以发掘出大量有价值的信息。这些遗址中最显著的自然是竖炉的炉址，其炉型、规模、布局等是研究古代生铁冶炼技术最直接的依据。此外矿石、炼渣、木炭、冶炼装备、冶铁场布局、活动痕迹等都从不同角度反映了古代冶铁活动的技术信息。这些能够反映古代竖炉冶铁活动的实物资料都是笔者关注的对象。

本书共收录了笔者实地考察过的38处古代冶铁遗址，在其中21处遗址发现竖炉炉址38座（表3-1）。这些资料大部分尚未公开发表，内容丰富、新颖，构成了本书的主体论据。

表3-1 笔者实地考察过的冶铁遗址及冶铁竖炉

序号	时代	遗址名称	炉址数
1	先秦两汉	河南西平酒店冶铁遗址	1
2		河南鹤壁鹿楼冶铁遗址	0
3		河南郑州古荥冶铁遗址	1
4		河南鲁山望城岗冶铁遗址	0
5		河南巩县铁生沟冶铁遗址	1
6		四川蒲江古石山冶铁遗址	1
7		江苏泗洪锋山镇赵庄冶铁遗址	0
8		河南泌阳下河湾冶铁遗址	0
9		河南鲁山西马楼冶铁遗址	1
10		河南林县东冶冶铁遗址	0
11		河南林州铁炉沟冶铁遗址	0
12		河北兴隆副将沟冶铁遗址	1
13		四川邛崃平乐镇冶铁遗址	0

序号	时代	遗址名称	炉址数
14	魏晋南北朝至唐代	河北武安经济村冶铁遗址	2
15		河北武安马村冶铁遗址	1
16		河南林州铁炉沟冶铁遗址	0
17	宋辽金元	河南南召下村冶铁遗址	6
18		四川荣县曹家坪冶铁遗址	1
19		河北武安矿山村冶铁遗址	1
20		河南焦作麦秸河冶铁遗址	1
21		北京延庆水泉沟辽代冶铁遗址	5
22		北京延庆汉家川冶铁遗址	3
23		北京延庆铁炉村冶铁遗址	0
24		北京延庆慈母川冶铁遗址	0
25		北京延庆四海镇冶铁遗址	1
26		河北兴隆蓝旗营冶铁遗址	1
27		河北武安固镇冶铁遗址	3
28		河北隆化下洼子村冶铁遗址	0
29		河北隆化滦平东沟冶铁遗址	0
30		河北赤城上仓冶铁遗址	0
31		河南安阳铜冶烨炉村粉红江冶铁遗址	0
32		河南林州申村冶铁遗址	0
33		河南林州正阳集冶铁遗址	0
34	明清	河北遵化铁厂冶铁遗址	2
35		河北遵化松棚营冶铁遗址	1
36		湖南永兴平田冶铁遗址	1
37	待定	河南巩义罗汉寺冶铁遗址	3
38		河南西平李孟银冶铁遗址	0

　　本书谈论的炉型可以细分为三种。第一种，根据理论分析，能够与炉料性质、装料制度、鼓风能力形成最佳配合，使得冶炼最为优化的炉型称为"合理炉型"。第二种，建炉时的炉型称为"设计炉型"，体现了设计者对炉型的认识情况。第三种，冶炼一段时间后，炉衬乃至炉壁会被侵蚀，炉身可能会结瘤，致使炉型发生变化，此时的炉型被称为"使用炉型"；只要处于使用状态中，"使用炉型"一直在发生变化；如果超负荷运行，变化就会更快。即《广东新语》所言："一时而出二版，是曰双钩，

则炉太王，炉将伤。"（屈大均，1985）

在冶铁遗址上看到的冶铁炉绝大多数都是使用炉型。但尽管如此，其所保存的信息也各有差别。使用炉型的内型状态与使用时间、停炉原因和停炉方式关系密切。停炉原因和方式可能有多种。正常情况下，会按照生产计划主动结束冶炼，不会过度消耗炉衬，以延长炉龄，利于维护和继续使用。合理的停炉方式应当是先停止加矿，后停止加炭，待矿石消耗完，铁水流尽后停风；照此方式停炉，积铁较少，内壁较平滑，渣皮保存较好；炉体稍作修补后可继续使用。延庆水泉沟各炉、荣县曹家坪炉等保存较好的冶铁炉当是如此。若矿料没有退尽，或者意外停炉，炉内积铁较多，为将其取出，炉门一侧炉壁常被拆掉。目前所见多数竖炉炉门一侧的炉壁都不存在了，即此原因。如果直接停炉或发生冷炉、悬料、崩料导致炉况不可调节，甚至炉体炸裂发生事故，这种情况下炉内会有较大块的积铁；炉壁多损坏严重，乃至不存；古荥1号炉可能是这样的。还有一种可能，炉壁内型被严重损坏，到了一次炉龄的极限，不能正常运行，导致停炉。

冶铁遗址的竖炉都使用过，可视为使用炉型但大都残缺不全，需要仔细观察，全面分析，才能准确提取出有价值的信息。

战国至汉代的冶铁遗址多由夯土筑成，属于整体成型结构，没有接缝，减轻了渣铁侵蚀。小型冶铁竖炉如蒲江古石山汉代炉，炉身角、炉腹角都不明显，此类炉型与铜绿山冶铜竖炉接近。中型竖炉如西平酒店竖炉采用了细炉缸、炉缸中部平吹的鼓风布局，炉腹采用了夹砂材料提高抗压强度，炉腹角非常明显。郑州古荥等汉代大型冶铁竖炉使用炉壁夹砂、夹秸秆、夹木炭等手段提高炉体抗压、抗拉、抗蚀能力；已有明显的炉腹角，鼓风口位于炉腹角之上，斜向下侧吹鼓风；采用了接近椭圆形的炉型，使风力易于到达炉心，可能采用多风口对吹，增加供风，改善气流布局。

大约在唐宋之际，北方竖炉逐渐改用石砌，炉型也随之发生重大革新。石质炉体具有更高的强度，耐压、抗剪、耐磨、耐高温等性能都优于夯土竖炉；但炉腹以下部分的砌缝必须严格控制，防止渣铁渗入，才能有效提高一次炉龄。辽宋代以后，石砌竖炉普遍使用，水泉沟3号炉、麦秸河竖炉等内壁侵蚀后露出了整齐的砌筑炉体，说明当时的石料加工和砌炉工艺已经达到了较高的水平。

武安经济村冶铁竖炉外围的炉体为土夯，在北魏时使用；停炉后内侧用石块补砌，尚未完工，这是筑炉材料由夯土向石料转变的实例。繁昌竹园湾唐宋炉，水平截面为圆形，灰砖立砌，加强了竖直方向炉体强度；预制方式比土夯便于建造复杂炉型，精细尺寸有利于减小炉壁缝隙；但砖砌竖炉资料较少，需要进一步考察。

宋代以后北方冶铁遗址如武安矿山村、焦作麦秸河、延庆水泉沟等竖炉均采用石砌，炉体高大，内抹炉衬，炉身曲线明显；炉体背靠土台，台上上料、鼓风，采用单风口、从腹部斜向下侧吹进风。武安矿山村炉喉内收显著，炉顶又有敞开趋势；延庆水泉沟辽代方形炉与哈尔滨阿城金代方形炉型相近，但其炉腹侧吹的鼓风设计则与中原技术相近。明代遵化铁厂冶铁竖炉为石砌，炉型与宋代炉型相近，但规模比一般的宋代炉大。

宋代以后南方筑炉仍用土夯，如文献记载的江西贵山明代竖炉、荣县曹家坪竖炉。荣县曹家坪竖炉保存较好，水平截面为半圆形，从直径边圆心处进风，侧边出渣铁，与南召个别炉型相近，但其炉身角明显不如石砌炉。

本章重点介绍考察中发现的炉址资料，出土物、居址等其他资料限于篇幅不多提及；未发现炉址的遗址仅做简要介绍。

第二节　先秦两汉冶铁竖炉

一、河南西平酒店战国冶铁遗址

该遗址位于河南西平酒店乡（今出山镇）赵庄村组。河南舞钢、西平地区是中国古代著名的冶铁中心之一，尤其以生产制造兵器而闻名于世。有研究者对河南舞钢、西平地区冶铁遗址群开展了田野调查，对采集的遗物进行了实验室分析，结果显示战国秦汉时期在这里已经形成了完整的以生铁冶炼为基础的钢铁生产体系（秦臻等，2016）。

该冶铁炉所在地属浅山区边沿地带，遗址南部和西部为连绵起伏的丘陵山区，屹岈河（洪河支流）从遗址中部穿过。1958年在遗址所在河段修建了潭山水库，遗址被分割为两部分。水库南侧一座小土丘的南侧土坡上（33°14′37″N，113°40′32″E）有一座冶铁炉，有部分炉壁露出地面。20世纪60年代在炉址上盖了一座保护房，后来坍塌了。1987年为了重建保护房，河南省文物考古研究所与西平县文物保管所在此联合试掘。

根据采集到的陶片、板瓦推断遗址年代为战国中期到晚期。该遗址北距棠溪河

1km，据调查，在棠溪河两岸保留了很多与冶铁有关的地名或村名。也发现了何庄冶铁遗址，从采集的陶片可以判断其属于战国时期（河南省文物考古研究所和西平县文物保管所，1998）。

2012年、2013年笔者与调查组其他成员两次考察该遗址[①]，对炉址进行了三维激光扫描（魏薇，2012），发现并确认了炉体下部炉壁上的气流通道，其内侧烤灼痕迹明显（图3-1、图3-2）。这在1998年发表的发掘简报中并未提到。

图3-1 西平酒店冶铁炉

资料来源：黄兴摄

该炉为土夯炉，依土坡而建，存有炉腹、炉缸、出渣出铁槽等。炉缸接近圆柱形，内壁表面较为平整，可见白色夹砂颗粒；新发现的鼓风孔道纵截面接近圆形，正对炉门，沿着水平方向内外贯通，炉内侧孔径约0.10m，炉外侧孔径约0.06m，深0.50m；后部炉腹角较大，平滑无挂渣；两侧炉腹角较小，挂渣较厚；渣层表面有明

———————————————

① 调查者有潜伟、刘建华、黄兴、刘海峰以及西平县文物管理所工作同志。

图3-2 西平酒店冶铁炉顶部俯视

资料来源：黄兴摄

显的木炭压痕；炉缸正面为出渣出铁的通道。发掘简报中将该出渣槽称为防潮风沟（河南省文物考古研究所和西平县文物保管所，1998）。这关系到炉型复原问题，将在第四章详细讨论。

我们绘制了该遗址现状图（图3-3）。此外，从当地文物主管部门了解到，发掘前周围居民常从炉体上砸取炉壁作为他用，发掘简报提到的炉缸大青石可能是后人放置进去的。

当地文博工作人员介绍，该遗址水库对面曾发现多处冶铁遗址，均已被破坏，年代与此冶铁炉相近。在当地文博人员的带领下，我们在赵庄西侧的李孟银村也发现了两处古代冶铁遗迹，采集到少量铁矿石、炉壁和渣铁混合物；未见冶铁炉，时代不明。

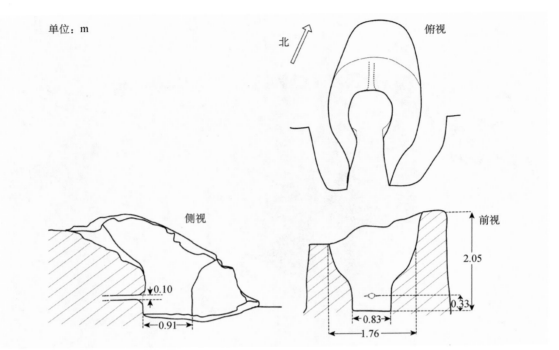

图3-3　西平酒店冶铁炉现状示意图（依据三维激光扫描数据绘制）

资料来源：黄兴绘

二、河南鹤壁鹿楼战国至汉代冶铁遗址

河南鹤壁鹿楼冶铁遗址（35°52′30″N，114°11′54″E）属于战国至汉代，根据发掘报告，这里曾发现大量圆形冶铁竖炉、鼓风管、炉壁残块、冶铁渣等。2012年2月我们考察了该遗址①，在遗址碑周围发现一些瓦片、红烧土、炼渣，未发现冶铁炉遗迹。

三、河南郑州古荥汉代冶铁遗址

古荥冶铁遗址（34°52′37″N，113°31′40″E）是汉代"河一"铁官所在地，属于汉代大型冶铁遗址，对研究中国古代冶铁技术有重大价值。郑州市博物馆于1965年、1966年对该遗址做了调查和试掘，于1975年对其进行正式发掘（郑州市博物馆，1978），发现冶铁炉炉基2座、大积铁块、矿石堆、炉渣堆积区以及与冶炼有关的重要遗迹，如水井、水池、船形坑、四角柱坑、窑等，出土一批耐火砖和铸造铁范用的

---

① 调查组成员有潜伟、陈建立、黄兴。

陶模，以及大量铁器、陶器、石器。

我们在2010年8月考察了该遗址[①]。

两座炼铁炉基东西并列，间隔约14.5m。炉基下部和炉前工作面连在一起，炉体位于北部，南部为炉前工作面。炉缸呈椭圆形。炉底、炉壁系用耐火土夯筑而成。

1号炉炉门向南，已损坏；炉缸呈椭圆形，现存炉址南北长轴4m，东西短轴2.7m（图3-4）。炉缸下部基础和炉前工作面基础相连，用红黏土掺矿石粉、炭末的黑褐色耐火土夯筑而成。炉缸经高温已变成坚硬的蓝灰色。炉缸底部凹凸不平，有残存的铁块和流入缝中的铁。炉壁残高0.54m。北壁厚1m，东壁残厚0.54m，北面宽9.5m，东面现存6m；炉两壁已损坏。

图3-4　古荥1号炉的炉底

资料来源：潜伟摄

2号炉存留下部基础，南北长9.2m，北宽2.6m，南宽3.75m，筑在早期炉基上。基础坑外夯筑黄土。工作面两侧挖较凸字形坑底深1.2m、边长1.5m的方坑，内置铁块为

---

① 调查组成员有潜伟、李延祥、陈建立、黄兴、洪启燕、秦臻、王启立。

基础，栽立炉前作业架木的柱子。坑底铺 0.15m 厚的黄土泥，表面有凹凸不平的夯窝。

在 1 号炉南 5m 处挖出 1 号积铁（图 3-5），重 20 余吨。积铁底部外缘与炉底的形状大致吻合。1 号积铁的边缘立着一块条状的铁瘤，铁瘤与积铁成 118°夹角，向外倾斜，高约 2m。铁瘤靠炉壁的一面，顶点距离积铁平面 0.8m 以上，瘤与积铁平面下段也成 118°夹角。此外，该遗址还出土了其他多块大型积铁。这些积铁的矿石已经部分熔化，将木炭包裹在内。

图 3-5　古荥 1 号炉前坑内积铁

资料来源：黄兴摄

四、河南巩县铁生沟汉代冶铁遗址

该遗址位于河南巩义市。1958 年由河南省文化局文物工作队发掘，总面积达 20 000m²。发掘报告称发现 7 座冶铁炉，有圆形的也有方形的（河南省文化局文物工作队，1962，1960）。2010 年 8 月，我们考察了该遗址[①]。当初大部分发掘区域已经回

_____

① 调查组成员有潜伟、李延祥、陈建立、黄兴、洪启燕、秦臻、王启立。

填，只在16号炉址（34°36′49″N，113°02′17″E）上搭建了一座小房子，将炉址和一块积铁保存于内。

五、四川蒲江古石山汉代冶铁遗址

2006年、2007年成都文物考古研究所和蒲江县文物管理所对蒲江县境内西来镇铁牛村遗址、古石山遗址和寿安镇许鞋匾遗址3处冶铁遗址做了试掘（成都文物考古研究所和蒲江县文物管理所，2008）。其中在古石山遗址C点发现冶铁竖炉残迹1座（30°19′59″N，103°34′25″E）。2012年12月，我们考察了蒲江古石山冶铁遗址[①]。

蒲江古石山冶铁炉依土崖而建，现状残破，只存贴近土崖的炉壁和部分炉基（图3-6、图3-7）。发掘简报认为炉壁用黏土加石英的稻草烧制的耐火砖砌成。该炉横截面呈圆形，炉身曲线接近直筒形，现存顶部略有些敞口；炉身角和炉腹角都不明显，

图3-6　蒲江古石山冶铁炉侧视照

资料来源：黄兴摄

---

①　此次调查是在四川省博物馆学会等单位共同举办的"四川盆地早期铁器与西南古代社会国际学术研讨会"期间，由主办方组织开展。黄兴、刘海峰完成测绘。

在炉壁中下部粘有部分软化的矿石。现存炉底略有缓坡，可能是为了便于出铁水。炉子周围还出土铁矿、铁渣、木炭、炉砖、陶片、红烧土等遗物。从地层出土物看，周围出土物时代早达汉代，晚至宋代；发掘简报认为炉型与汉代中原炉型接近，可能属于汉代。该炉炉址现状如图3-8所示。

图3-7 蒲江古石山冶铁炉正视照

资料来源：杨颖东摄

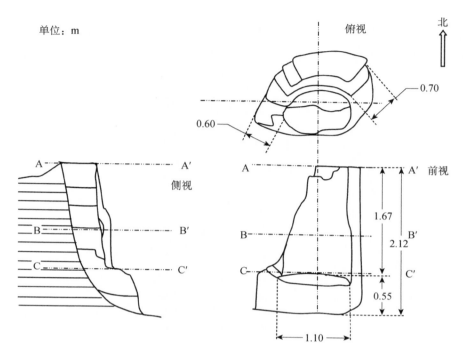

图3-8　蒲江古石山冶铁炉现状示意图
资料来源：黄兴绘

六、河北兴隆副将沟汉代冶铁遗址

该遗址位于河北承德市兴隆县李家营乡副将沟村东南山谷南侧台地上（117°49′35.99″E，40°38′51.04″N）。兴隆县考古所在此进行了正式考古发掘①。发掘出汉代冶铁炉炉址一座（图3-9）。炉体坐东面西，夯土夯筑。仅存炉缸部分。其炉底接近长方形，出渣口位于长边上，炉缸上部横截面接近椭圆形。但其规模远小于古荥汉代冶铁炉。

周边出土了一些鼓风管残块、大量炉渣、少量板瓦等冶金遗物。从鼓风管残块来估测，其内径大约15cm。部分鼓风管残块（图3-10）有烧流痕迹，粘有黑色铁渣。沿着山谷继续向东约700m处南侧台地上，有另一处红烧土和炉壁散布。副将沟是古代一处重要的铁器生产中心，村中部北山坡曾出土战国时期的铁范，今保存在中国国家博物馆，是目前已发现的最早铁范。

---

① 该遗址的发掘报告尚未发表，本书仅收录与竖炉炉型密切相关的部分。考察时间为2017年8月，考察组成员有陈建立、黄兴及兴隆县考古所工作人员与当地文保工作者。

图3-9　河北兴隆副将沟冶铁炉炉址

资料来源：黄兴摄

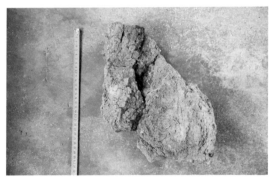

图3-10　河北兴隆副将沟冶铁遗址出土的鼓风管残块

资料来源：黄兴摄

七、江苏泗洪峰山镇赵庄汉代冶铁遗址

20世纪60年代，在河渠旁发现半个冶铁竖炉残迹，如"鸭蛋中剖状"，还发现炼渣、铁矿石、汉瓦、汉绳纹罐（尹焕章和赵青芳，1963）。2012年12月，我们考察了

该遗址[1]。据当地村民介绍，20世纪五六十年代在河沟边确实有一个冶铁炉。河道已经被填平做耕地。土崖地上部分不足1m。冶铁炉已不存在，可能完全损坏，也可能被掩埋。我们在周围采集到一些炉壁和疑似冶铁渣。

八、河南泌阳下河湾汉代冶铁遗址

该遗址位于马古田镇南岗行政村下河湾自然村东（32°37′22″N，113°32′30″E）。2004年河南省文物考古研究所发掘该遗址，发现大量炉体残迹、炉基座、炉基支柱、耐火砖、鼓风管残片、炼渣、铁板材、铁器残片及陶质和石质工具等（河南省文物考古研究所，2009）。2010年8月，我们考察了该遗址[2]，在田地间散布大量炼铁渣、炉壁和木炭块；没有发现冶铁炉遗迹，可能已经被回填。

九、河南鲁山望城岗汉代冶铁遗址

该遗址位于鲁山县城郊（33°44′05″N，112°54′28″E）。2000—2001年，河南省文物考古研究所和鲁山县文物管理委员会对该遗址进行了联合发掘，发现了一处长方形炉基，上面有三个炉址叠压（赵全嘏，1952；河南省文物考古研究所和鲁山县文物管理委员会，2002）。2010年8月，我们考察时，该遗址已经回填，地表种植庄稼，未见任何遗迹。

第三节　魏晋南北朝至唐代冶铁竖炉

一、河北武安经济村北魏冶铁遗址

该遗址位于河北省武安市区西偏南16km。村北有一条季节性小河，流经固镇、马村。2011年10月，我们考察了该遗址[3]。在村口西20m河沿南侧（36°41′53″N，113°53′30″E）发现一座大型古代冶铁炉遗迹（图3-11），绘制了该炉现状图（图3-12）。

该炉体高大，主体为夯土，南靠土崖而建，后面是平坦的台地，面朝正北河渠方

---

[1]　调查组成员有黄兴、刘海峰。
[2]　调查组成员有潜伟、李延祥、陈建立、黄兴、洪启燕、秦臻、王启立。
[3]　调查组成员有李延祥、潜伟、王荣耕、黄兴。

图3-11　武安经济村冶铁炉正面照片
资料来源：黄兴摄

向。炉体高大，用夯土构建，外侧有红烧土。炉门一侧炉壁不存，剩余侧炉壁保存状
况不等，南侧最高约4.6m，顶部平整，应当是原来的炉顶；两侧残损，高度较低。炉
腰内收，内壁附有红褐色积铁；炉腹比较明显，最宽处3.1m。

值得注意的是，炉壁内侧有大块石头堆砌，内缘齐整，可能是后期堆砌改造，用
来减小炉膛内径，但其上部与炉内壁结合不佳，应当未完工，内壁也未见烧灼痕迹，
也没有挂渣，未投入使用。石块上方压着很多堆土，可能是上方炉壁坠落所致。炉体
外侧底部夯土红烧明显，厚度约1m。从炉内壁所附红褐色积铁、炉外红烧土和炉渣
推断，该炉曾经用于冶炼生铁。

炉门一侧散落大量炉渣、炉壁残块和生活垃圾。炉前采集到一些炉渣，有多孔
状，混有木炭颗粒，也有凝聚实心渣，内裹铁颗粒和白色石灰石。

从炉渣中提取木炭颗粒，经树轮校正，^{14}C测年结果为AD420—AD560年
（95.4%可能性）（见附录1），属于北魏中后期至北齐中期。由于石砌竖炉尚未完工，
没有投入使用，^{14}C年代应是夯土竖炉使用时代。在冶铁炉西侧200m处河湾南岸土崖

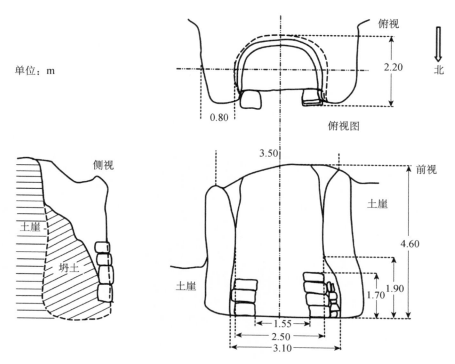

图3-12　武安经济村冶铁炉现状示意图

资料来源：黄兴绘

发现大量木炭、炉渣堆积，堆积层厚度约1.6m，可能是从周围或上游冲积而成。经树轮校正，炭样的^{14}C测年结果为AD535—AD635年（95.4%可能性）（见附录1），属于北朝后期至唐初。

二、河北武安马村北朝至唐初冶铁遗址

该遗址位于河北省武安市冶陶镇马村。我们于2011年10月考察了该遗址[1]，在村内外发现2处遗址点，有冶铁炉遗迹和炉渣堆积。

1号遗址点位于村内西部村民屋后（36°38′24″N，113°56′47″E）。体形较大，背靠土崖，剩余部分炉壁和炉底（图3-13）。炉底有堆土，未见底。炉体中下部为土质，中部粘有部分红色矿石，顶部略有收口。炉缸部位直径约3.1m，炉壁存留部分高出现在炉内土面2.4m。土崖红烧土上沿高出炉壁0.3—0.4m，炉体下部外缘有一处红烧土

---

① 调查组成员有李延祥、潜伟、王荣耕、黄兴。

颜色最深。炉体南侧接近土崖一面有一些石砌炉壁，已经烧红，内壁较为平滑，与下方土质炉壁连为一体。

图3-13　武安马村冶铁炉遗迹

资料来源：黄兴摄

炉壁上采集炭样，经树轮校正，^{14}C测年结果为AD565—AD650年（95.4%可能性）（见附录1），属于北朝末至唐初，与武安经济村冶铁炉大致属同一时期。笔者绘制了该炉址的现状图（图3-14）。

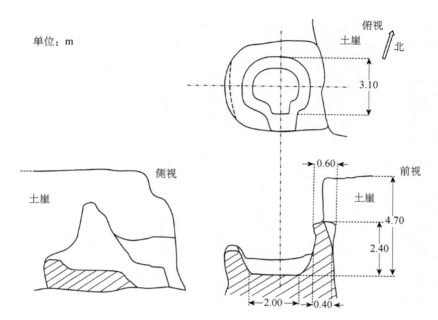

图3-14 武安马村1号遗址点冶铁炉现状示意图
资料来源：黄兴绘

2号遗址点位于马村村北，公路北面土崖南面，距离1号遗址点约200m。该遗址点并列两处疑似冶铁炉遗址。东侧炉体截面近似圆弧，顶端开口长1.8m，高0.6m，内部有灰色渣，表面平滑、坚固（图3-15）。炉底下方的红烧土层厚度约0.4m。

炉壁上采集炭样，经树轮校正，^{14}C测年结果为AD600—AD675年（95.4%可能性）（见附录1），属于隋至唐初，比村内竖炉稍晚一些，但可视为同一时期。西侧遗迹为红烧土痕迹，未见明显炉体痕迹。

三、河南林州铁炉沟唐代冶铁遗址

据文献记载，该遗址曾发现10处冶炼点、9座冶铁炉，沿河分布，靠山面坡，用黏土筑的炉推测为汉代，用鹅卵石筑的炉认为是唐代，炉容较小（河南省文物研究所和中国冶金史研究室，1992）。2011年2月，我们考察了该遗址，但这里的地貌已经发生了很大的改变，在沟两侧没有发现冶铁炉遗迹，只在公路东边发现一些冶铁渣[①]。

---

① 调查组成员有潜伟、陈建立、黄兴。

图 3-15　马村村北遗址点炉底
资料来源：黄兴摄

第四节　宋辽金元冶铁竖炉

一、河南南召下村宋元冶铁遗址

该遗址位于河南南召太山庙乡下村东南 200m 的田地（33°27′04″N，112°20′00″E），东面和南面有较宽的河流。2012 年 2 月，我们考察了该遗址[①]，共发现 7 座冶铁炉炉址、1 处窑址（图 3-16）。

1 号炉位于一级台地北缘，残高较低，上缘与一级台面持平。现在仅剩西侧炉壁，厚约 0.8m，外面红烧土层厚约 1.5m。残余部分边缘线和水平高度较低，推测是炉腹部位，说明该炉有一定的炉腹角（图 3-17）。

---

① 调查组成员有潜伟、陈建立、黄兴。

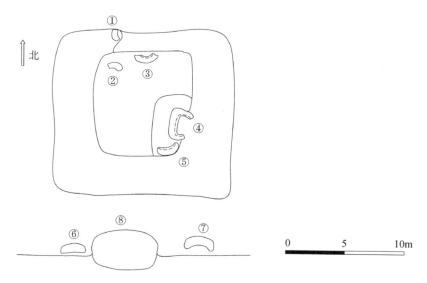

图 3-16　南召下村冶铁遗址炉址分布图

资料来源：黄兴绘

注：①—⑦为冶铁炉编号，⑧为窑址

图 3-17　南召下村冶铁遗址 1 号炉（由东向西）

资料来源：黄兴摄

2号炉位于1号炉正南，相距约3m，在二级台地上。露出少部分炉壁，高约0.8m。向南略微侧倾斜，应该是炉腹以上部分。石砌炉壁与泥已经烧结为一体，坚实、致密（图3-18）。

图3-18　南召下村冶铁遗址2号炉（由东南向西北）
资料来源：黄兴摄

3号炉位于二级台地北缘，现存炉顶较高，高出田地地面约3.5m。存留部分为南侧炉壁，从形状看是炉腰以下的部分，有明显的炉身角，呈78°—80°。炉壁厚约0.8m，分两层。内层用河卵石砌筑，炉缸部位尤其细致，烧结后没有缝隙，储存铁水不渗漏。炉体上部砌筑较粗糙，岩石形状不规则，砌筑随便、不规整，说明筑炉工匠已认识到上部固体炉料对内倾的炉墙破坏作用小。炉壁石块与泥经过高温烧灼，已经烧结为一体（图3-19）。

4号炉位于二级台地东缘，一级台地之上。炉体较为宽大，南北长约2.3m，地上部分高出一级台地1.7—2.0m，上缘与三级台地持平。炉型俯视呈半圆状，西侧平直（图3-20），东侧炉门部缺失。从现状看，可能保留了炉腰及以下部分。其炉型较为独

图3-19 南召下村冶铁遗址3号炉（由北向南）

资料来源：陈建立摄

图3-20 南召下村冶铁遗址4号炉（由东向西）

资料来源：黄兴摄

特，下部炉型尚不清楚，可能是半圆形，与四川荣县曹家坪炉相近；也可能是方形或梯形，与河南铁生沟、鲁山望城岗及延庆水泉沟4号炉相近；还可能是圆形，只是炉腹以上一面炉壁较为平直，与后文的河南麦秸河炉相近。4号炉炉壁用大石块砌成，烧灼痕迹明显，内壁挂渣，有多处长条状木炭印记。这些印记宽0.04—0.06m，长0.10—0.14m。炉体内堆积大量炉壁石块、炉渣，未找到木炭。

5号炉位于二级台地南缘（图3-21），顶部与三级台地持平。南侧炉壁保存较好，外面涂了很多泥，烧成红色，外表面由于风化、落灰略显黑色；北部炉壁可能被4号炉打破，看不到炉内壁，炉型近似圆形。

图3-21　南召下村冶铁遗址5号炉（由南向北）

资料来源：潜伟摄

6号炉（图3-22）、7号炉（图3-23）位于田地南缘，田埂边缘，露出少量黑色石质炉壁。6、7号炉之间有一个半圆形炉体，是在一级台地上挖成的，有烧灼痕迹。没有内衬石块，可能是烧炭窑或焙烧矿石所用。

图3-22　南召下村冶铁遗址6号炉（由南向北）

资料来源：黄兴摄

图3-23　南召下村冶铁遗址7号炉（由东向西）

资料来源：潜伟摄

该遗址采集炭样未检出有效年代结果。相关文献认为该遗址在汉代时用作墓地，炉体采用河卵石砌筑，与其他宋元遗址相同，将其时代定为宋元（韩汝玢和柯俊，2007：576-578）。

二、河北武安矿山村北宋冶铁遗址

该遗址位于武安市矿山镇矿山村，南距武安市 12.5km，西距太行山脉 10km，周围是一片小山包，有数家大型现代冶铁场和现代采矿点。该村一户村民院内（36°48′46″N，114°10′23″E）有一座古代冶铁炉。1976 年 4 月，经邯郸地区文物保管所调查，这座冶铁炉开始进入考古工作者的视野；1983 年 7 月被公布为河北省重点文物保护单位。院子西面有一条小溪，由北向南流淌，溪水东西两侧都是连绵的小山。

我们于 2009 年 8 月、2011 年 10 月、2014 年 6 月考察了该遗址[1]。采集了木炭、炉渣样品，对炉体进行了三维激光扫描，获得了精确的炉体结构。

现存冶铁炉体型高大，已经残损，仅剩风口一侧炉壁，残高约 6.4m（图 3-24）。从断面来看，炉渣后面有石砌炉壁，厚度约 0.8m；再外面是夯土层，整体呈现红烧状，最外层有石墙砌护（图 3-25、图 3-26）。下部石墙用水泥砌成，属现代加固。上部石墙中等卵石砌筑，嵌入土炉壁中，呈暗红色，有经历过高温的痕迹，属原始砌筑；顶部用比较尖锐的石块砌筑。

该炉炉型结构比较清晰，但由于侵蚀严重，使用炉型与设计炉型相比，已经发生很大变化。现存炉缸、炉腹非常宽大，内径 3m 左右；炉腹及炉缸内侧粘满了琉璃状的冶铁渣，流动状态较好；但炉壁侵蚀严重，炉衬已经完全消耗，部分位置形成了一些渣皮；与炉腰相比，炉腹右侧炉壁几乎被侵蚀掉了一半。炉身外侧较为竖直，外部用石块围砌，底部有水泥修葺痕迹。

考察时发现该竖炉有一个重要的特征，炉喉附近内侧炉壁略呈敞口状（图 3-27）。三维激光扫描结果也清晰地体现了这一点（图 3-28）。炉喉附近内壁上的炉衬耐火泥均保存较好，说明炉体原状即如此，并非使用或后期破坏造成。

---

① 参与调查者有李延祥、潜伟、陈建立、李建西、王荣耕、黄兴、孟祥伟、陈虹利、王京。

图3-24　武安矿山村冶铁炉内部

资料来源：潜伟摄

图3-25　武安矿山村冶铁炉（自北向南）

资料来源：潜伟摄

图3-26　武安矿山村冶铁炉（自南向北）

资料来源：潜伟摄

图 3-27　武安矿山村冶铁炉上部炉体

资料来源：潜伟摄

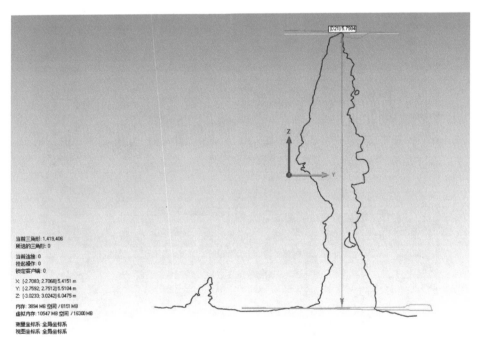

图 3-28　武安矿山村冶铁竖炉三维激光扫描模型风口—炉门剖面图

资料来源：Wang et al.，2017

　　现在的炉体中部炉腰部位挂渣较多，内收明显，内径是炉腹的一半左右。风口位于炉腹中心部位，高出现存炉底约0.5m；风口被扩拆，现用石块水泥填充。

　　我们绘制了该冶铁炉现状图（图3-29）。

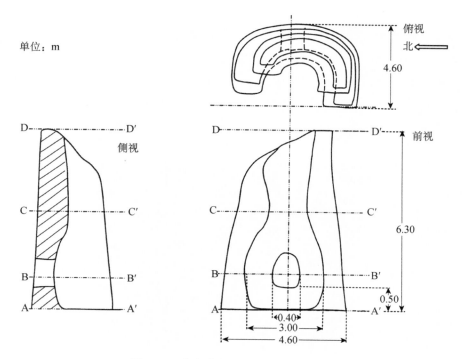

图 3-29　武安矿山村冶铁炉现状示意图

资料来源：黄兴绘

　　在炉壁内侧左下部采集了木炭样品，经树轮校正，^{14}C 测年结果为 AD810—AD990 年（94.4%可能性）（见附录1），属于唐末至北宋初。

　　在炉内壁软熔带附近提取了挂渣，经分析发现其中一些有高硅铝，认为系炉衬中使用了高铝的耐火材料所致；另外一些钙含量较高，说明冶炼过程中添加了含钙的造渣材料。炉渣中还有磷酸铁钙相，表明生铁产品中一定也会含磷。根据清代同等炉容冶铁炉的产能推算，矿山村竖炉的产能为日产1t以上（李延祥等，2016）。

　　武安铁矿资源丰富，位于历代中原王朝的经济核心区域，自古就是重要的制铁基地，集中了大批工艺高超的冶炼工匠。武安矿山村竖炉高达6.4m，是该地区冶铁技术发达的一个表现。

三、河南焦作麦秸河宋代冶铁遗址

该遗址位于河南焦作市中站区赵庄乡麦秸河村西，下游河道三岔口处西北角台地上（35°18′22″N，113°11′16″E）。2008年，焦作市中站区文物普查队在文物普查中新发现该遗址。在清理炉内积土和现场时发现大量宋代瓷碗、瓷盆等器物残片及窑具，据此判断为一宋代冶铁遗址。2010年8月，我们考察了该冶铁遗址①。

冶铁炉背靠土崖，面向正东方向（图3-30）。冶铁炉炉门一侧不存，剩余三面炉壁内侧挂渣。靠土崖一侧顶部较为平直，类似南召下村冶铁遗址4号炉。炉腹上部有一小方形浅洞，可能是鼓风口；周围炉衬与挂渣剥落严重，露出石质炉壁；炉腹下部被掏了一个近似方形的洞。

图3-30　焦作麦秸河冶铁炉
资料来源：黄兴摄

———————————

① 调查组成员有潜伟、李延祥、陈建立、黄兴、洪启燕、秦臻、王启立。

该炉横截面为圆形，炉身高3.5m，炉缸内径1.7m，在炉内及周围地面遗存有大量的铁矿石、炼渣、耐火砖及木炭灰等。这座炼炉炉底较大，上部逐渐收敛，炉壁内倾。此炉壁分两层，表层用岩石砌成，岩石与台地间填入耐火土，炉的下部砌石致密，经烧结后没有空隙，储存铁水不会渗漏；上部用较大的石块砌筑，外观坚实，可以抵抗较硬的炉料冲击（图3-31）。笔者绘制了该炉炉址现状（图3-32）。

图3-31 焦作麦秸河冶铁炉上部炉壁

资料来源：黄兴摄

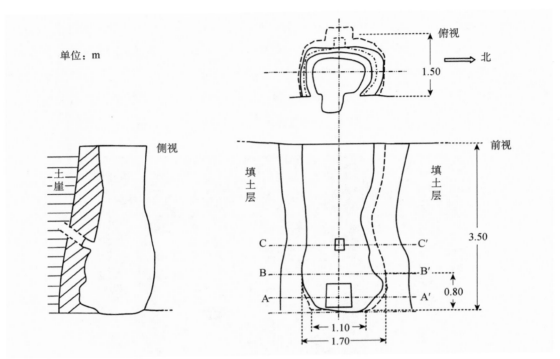

图3-32　焦作麦秸河冶铁炉现状示意图

资料来源：黄兴绘

四、河南鲁山西马楼北宋冶铁遗址

2010年8月，我们考察了该遗址[①]。在西马楼村北一户民房西北角发现了一处冶铁炉遗址（33°49′06″N，112°44′00″E）。炉体依土坡而建，另外一侧已经损坏，并被滑落的土石块掩埋。

在遗址上发现了石砌炉壁、冶铁渣等。从露出来的炉壁轮廓观察，该炉残高约3m，有一定的炉身角，内径约2.5m，属于一处较大的竖炉遗址，可能与麦秸河竖炉属于同种类型。木炭样品 ^{14}C 测年结果经树轮校正为 AD1070—AD1160 年（94.4%可能性）（见附录1），相当于北宋中后期至金前期。

五、北京延庆水泉沟辽代冶铁遗址

延庆大庄科乡处于燕山地带，这里矿产、林木资源丰富，是辽代重要的矿冶中

---

①　调查组成员有潜伟、陈建立、黄兴、洪启燕、秦臻、王启立。

心，留下了大量矿冶遗址。冶铁遗址有水泉沟、汉家川、慈母川、铁炉村4处，采矿遗址有香屯村、东王庄、榆木沟和慈母川4处。2009年起，笔者与北京科技大学、北京大学的师生，多次考察这些遗址。

延庆水泉沟辽代冶铁遗址是大庄科冶铁遗址群中规模最大的一处。它位于北京市延庆区东南大庄科乡水泉沟村东北部（40°25′19″N，116°15′11″E），怀九河转弯处的半月形区域内（图3-33）。考察中，共发现5处遗迹或遗迹较为集中地点，包括2处冶铁场遗址、3处炉渣堆积点。北京市文物研究所联合多家单位于2011年、2012年、2014年三次对冶铁场和工作生活区进行了正式考古发掘（北京市文物研究所等，2018），笔者作为主要成员参与了发掘工作。[①]

1号冶铁场位于水泉沟村畔，一个半月形台地的西南缘。台地由东北向西南倾斜，呈多级缓坡状。发掘面积150m^2，清理出炼铁炉4座，以及木炭、炉渣、铁铤、炉壁、陶片、瓷片等。考古学分析认为陶片和瓷片属于辽代遗址。对遗址各处8份木炭样品进行^{14}C测年，经树轮校正，结果为9—12世纪（见附录1）。该遗址冶炼时间较长，存在多次使用的迹象。

该遗址点发掘出的4座冶铁炉都建在台地边缘，一字排列（图3-34）。炉前有较宽阔的工作面。炉后台地较为平坦，用来堆放燃料和铁矿，由后上方将矿料和燃料装进冶铁炉里；炉后近侧安装鼓风器，从鼓风口将空气鼓入炉内。4座冶铁炉都用石块砌成，但炉型差别较大。

1号炉经过改建，形制较为复杂（图3-35）。第一次使用的A炉仅剩炉腹以下部分，外观接近圆形，残高约2.0m；外部用粗大石块围砌，内部嵌套了第二次使用的炉壁，中间由砂石填充。炉腹外径3.20m，外部底径2.40m，炉壁厚约0.40m。部分石块呈青黑色烧灼状。西侧和东侧外围是红烧土，表面呈不连续状，厚0.30—0.60m。炉壁内层用较细整的石块砌成，炉内用土填筑，呈红烧状。

第二次使用的B炉内形接近长方形。仅剩炉腰以下部分，残高约2.00m。炉腹内部尺寸1.40m×0.80m，炉底内部尺寸1.00m×0.60m。炉壁用较为细整的石块砌成，内壁挂满流动状炉渣，呈青灰色。

---

① 北京市文物研究所联合北京科技大学、北京大学于2011年、2012年两次主动发掘了延庆水泉沟辽代冶铁遗址。笔者参与了此次发掘。本小节内容所涉及的考古发掘工作为笔者与发掘队共同完成。该遗址发掘报告已发表，本书重点介绍与炉型相关的内容。

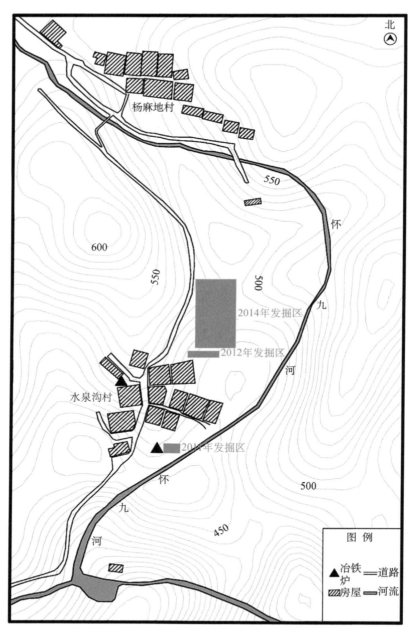

图3-33 延庆水泉沟辽代冶铁遗址

资料来源：刘乃涛供图

图3-34　延庆水泉沟辽代冶铁遗址1号冶铁场冶铁炉

资料来源：刘乃涛供图

图3-35　延庆水泉沟辽代冶铁遗址1号炉

资料来源：黄兴摄

　　2 号炉的形制与 1 号炉 B 炉体相近（图 3-36），中部外弧，平面近似椭圆形，剖面近似梯形，炉底接近长方形。但由于残损严重，顶部缺失，窑炉东壁及炉门、出铁口、出渣口已不见。鼓风口并排两个，保存较好，位于炉西壁上，推测原正对炉门，长方形，高 0.72m，宽 0.1—0.26m，外涂耐火材料，厚 0.03—0.04m。

图 3-36　延庆水泉沟辽代冶铁遗址 2 号炉

资料来源：黄兴摄

　　3 号炉炉型与 1 号炉 A 炉相近（图 3-37）。炉腰以下部分存留，残高 3.50m，炉腹部位接近圆形，内径约 2.60m，是国内已知的保存较为完整的一座古代冶铁炉。炉体横截面近似圆形，炉底基础呈椭圆形，有明显的炉身角，并向炉门方向倾斜。

　　炉壁内侧用较为整齐的石块砌成，十分平整，缝隙平直、细小；外侧用较粗大的石块围砌；炉内壁是烧流区域，黏结大量不规则的坚硬炼渣，炼渣断口有的呈玻璃状，有的呈蜂窝状。从炉渣的流动状态及含铁颗粒较少可以判断该炉可以较好地实现渣铁分离。

　　炉底部用经过细加工的耐火土填实，形成高炉基础。鼓风口在炉腹部位，正对炉门，长方形，高约 0.22m，宽约 0.10m。炉门位于炉身下部，方向朝东，近似拱形。炉门下部有出渣槽，两侧壁及底部均为灰褐色硬质底面。

图3-37　延庆水泉沟辽代冶铁遗址3号炉

资料来源：黄兴摄

　　4号炉（图3-38）形制与2号炉及1号炉B炉体相近。残存炉腰以下部分，残高1.70m。截面及炉底接近矩形，东西边稍长，底面保存有当年涂抹的黑灰色耐火材料。鼓风口正对炉门，长方形。出渣槽在炉门东侧，长1.10m，宽0.35m，两侧壁及底部均用与高炉相同的耐火材料，已变成灰褐色。

　　根据炉基所在地层和炉址之间的叠压打破关系，可以判断1、3号炉为早期建造，2、4号炉及1号炉B炉利用旧场地和炉址构筑而成。

图3-38　延庆水泉沟辽代冶铁遗址4号炉

资料来源：黄兴摄

　　我们对1号遗址点做了三维激光扫描，获得了精确的炉型数据，为炉型复原和数值模拟提供了准确资料。

　　2号冶铁场位于1号遗址点西北方向的小山包脚下。原并排有3座炼铁炉，现仅存一座，该炉残缺严重，仅剩部分炉壁（约炉壁圆周的1/4）。炉体剖面最内层是烧流区域，可见玻璃态的炉渣、矿石，从炉渣的流动状态可以判断该炉可以较好地实现渣铁分离；向外是石质炉壁的主体部分；再向外是烧红了的土层，紧邻炉壁的土层不连续，应当是筑起炉壁后填入的。

　　该遗址点背靠的土崖约有3m高，上面是一块台地，推测冶炼时曾经用来堆放燃料和矿料，以及冶炼前的准备工作。

　　其他遗址点也有大量炉渣、炉壁和灰烬分布，可能附近地下也有冶铁竖炉，后来被用来集中堆放炉渣。

　　我们根据三维激光扫描建立的模型（魏薇，2012）绘制了3、4号炉现状图（图3-39、图3-40）。

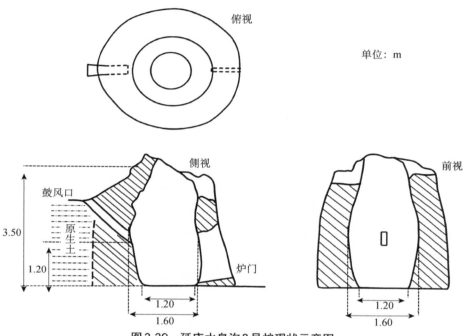

俯视

单位：m

侧视

鼓风口

原生土

3.50

1.20

炉门

1.20

1.60

前视

1.20

1.60

图3-39 延庆水泉沟3号炉现状示意图

资料来源：黄兴绘

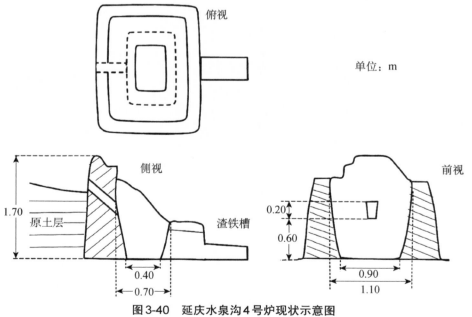

俯视

单位：m

侧视

原土层

渣铁槽

1.70

0.40

0.70

前视

0.20

0.60

0.90

1.10

图3-40 延庆水泉沟4号炉现状示意图

资料来源：黄兴绘

　　在延庆水泉沟辽代冶铁遗址发现多处炒钢炉遗迹，表明这里是一处钢铁联合生产基地。在生活区发现3处炒钢炉遗址（图3-41、图3-42），呈锅底状，内壁青灰色，粘有铁锈颗粒。1号炉直径0.50m，其他炉大小与之相当。在炉体周围采集了铁渣，分析结果发现为氧化亚铁[①]。在1号遗址点的1、3号炉侧后方，也清理出两个炒钢炉遗迹（图3-43、图3-44），很可能是用来炒炼由方形炉炼出来的生铁。水泉沟冶铁遗址是一处集冶炼与炒钢为一体的联合钢铁生产基地。

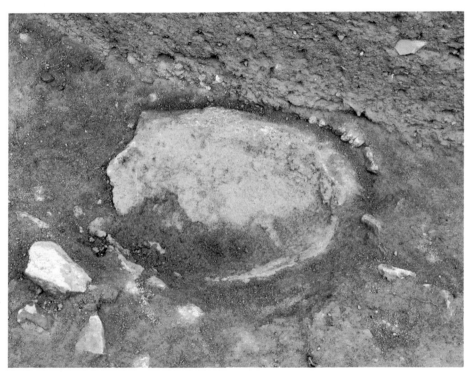

图3-41　延庆水泉沟辽代冶铁遗址生活区1号炒钢炉

资料来源：黄兴摄

---

　　① 该实验分析为北京科技大学硕士研究生李潘完成，相关成果尚未发表。

图3-42　延庆水泉沟辽代冶铁遗址生活区2号炒钢炉

资料来源：黄兴摄

图3-43　延庆水泉沟辽代冶铁遗址冶铁场1号炉后的炒钢炉

资料来源：黄兴摄

图3-44　延庆水泉沟辽代冶铁遗址冶铁场3号炉后的炒钢炉

资料来源：黄兴摄

六、北京延庆汉家川辽代冶铁遗址

该遗址位于水泉沟东北、怀九河上游约2km处，汉家川村东北的山沟内，东山坡脚下土台南侧和西侧两缘（40°26′32″N，116°15′36″E）。[①]

土台南缘有3座冶铁炉炉址，坐北面南，并列排布，相距3—4m（图3-45—图3-47）。炉体用石块砌筑，横截面也呈方形，与延庆水泉沟辽代冶铁遗址1号A炉、2号炉、4号炉的炉容、砌筑工艺、炉型曲线、炉址布局都相同，属于同一类型，其年代也属于辽代。土台西缘还清理出烧炭窑1座（图3-48）。

---

①　在延庆水泉沟辽代冶铁遗址发掘期间，我们曾多次考察该遗址。2012年，联合发掘延庆水泉沟辽代冶铁遗址期间，也对汉家川冶铁遗址进行了清理发掘。该遗址资料尚未发表。

图3-45　延庆汉家川冶铁遗址1号冶铁炉

资料来源：刘乃涛摄

图3-46　延庆汉家川冶铁遗址2号冶铁炉

资料来源：刘乃涛摄

图 3-47　延庆汉家川冶铁遗址 3 号冶铁炉

资料来源：刘乃涛摄

图 3-48　延庆汉家川冶铁遗址烧炭窑窑址

资料来源：刘乃涛摄

七、北京延庆四海镇辽金冶铁遗址

四海镇位于延庆水泉沟辽代冶铁遗址东北方向，直线距离约 20km。该村原名"四合冶"，元代曾有大规模的冶炼活动。遗址位于四海镇四海村东一道山沟东坡脚下，土崖西沿（40°31′19″N，116°24′22″E）。我们先后于 2012 年 5 月、2014 年 3 月两次考察该遗址[①]。

在该遗址发现一座石砌冶铁炉，残高约 2.4m，内径约 1.3m，炉壁厚 0.5—0.7m。从地上部分观察，内部炉型接近圆形；存留部分可能是炉腹及以下部位，有一定的炉腹角（图 3-49、图 3-50）。石块与黏土烧结在一起。内壁挂渣，较为平滑。从现状来看，四海镇冶铁炉的炉型与延庆水泉沟辽代冶铁遗址 1、3 号炉相近，其时代可能属于辽金时期。在其周围发现了一些石质炉壁、褐色和灰色炉渣，比较致密。

图 3-49　延庆四海镇冶铁炉（正面）

资料来源：黄兴摄

---

① 考察者先后有梅建军、李延祥、潜伟、黄兴、陈虹利、李潘。

图3-50　延庆四海镇冶铁炉（侧面）

资料来源：黄兴摄

八、北京延庆铁炉村辽代冶铁遗址

铁炉村位于大庄科乡西南部，紧邻大秦线，与大庄科乡政府的直线距离约9km。延庆铁炉村冶铁遗址（40°23′31.5″N，116°10′23.5″E）位于村西一座龙王庙的山梁下缘台地上。冶铁炉炉体已经不存在，炉址周围散布大量炼铁渣、炉壁残块、矿石残块和木炭。炉址西靠土梁，周围都是民居，东面100m左右是一条小河。接受访问的几位年长村民称铁炉村因有这座冶铁炉遗址而得名，但他们没见过完整的炉体，前几年重修龙王庙时，曾挖出很多炉渣。

九、河北兴隆蓝旗营辽代冶铁遗址

该遗址位于承德市兴隆县蓝旗营乡初级中学西北200m处土台的东沿（40°20′13″N，117°41′13″E）。土崖边有一座圆形石砌冶铁炉遗址，炉口外露，上部略残损，炉身保存较好（图3-51）。经初步测量残存炉体地上部分高约0.91m，宽约0.70m。

图3-51 兴隆蓝旗营冶铁炉

资料来源：潜伟摄

炉体的地下部分及炉内情况未知。在炉体周围田地间散布炉壁残块、炉渣。采集到4件炉壁残块，其中一面挂有黑色流状渣，一面为红灰色块状岩石或者红色夯土，岩石或者夯土均有烧结过的痕迹，有炉壁残块上略带铁锈。采集到炼铁渣1件，呈暗灰色，一面有黑色流状渣，另一面呈多孔状，有一些铁锈，渣块表面可见一点水波纹。采集到石灰石块1件，该石灰石有一面露出白色偏红色的石灰石，其余各面均包裹黑偏淡色流状渣，间有淡蓝色渣或泡沫状空心渣。

根据当地文物管理部门介绍，曾在此采集到辽代瓷器；结合石砌材料和圆形炉型初步分析，该遗址属于辽代前后。

十、四川荣县曹家坪宋明冶铁遗址

四川荣县曹家坪冶铁炉目前是自贡市文物保护单位。2012年12月，我们考察了该遗址[①]。

曹家坪村位于荣县县城西10km处，遗址位于村西北约500m处，在一座被称为铁炉坝的土梁顶部西侧（29°28′47″N，104°18′42″E）。炉体为土夯，炉体内型横截面接近半圆形，风口位于直径边的圆心处，炉壁两侧有裂缝，略向外倾，推测原状近似竖直；炉门位于侧面炉壁下部，底沿略高于内部炉地。剩余炉壁横截面接近半圆弧形。底部面积较小，向上迅速增大，炉腹角明显，炉身角不太显著。炉型竖直方向圆滑过渡，没有明显折角（图3-52—图3-54）。我们绘制了该炉址现状图（图3-55）。在该遗址未取得木炭样品，根据保存现状测该遗址年代可能为宋代至明代。

图3-52 荣县曹家坪冶铁炉遗址（由西向东）

资料来源：黄兴摄

---

① 调查组成员有杨颖东、黄兴、刘海峰以及荣县文物管理所工作同志。

图3-53 荣县曹家坪冶铁炉炉底与内侧风口

资料来源：黄兴摄

图3-54 荣县曹家坪冶铁炉外侧风口

资料来源：黄兴摄

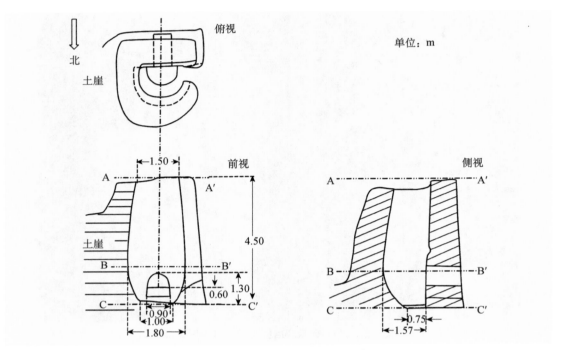

图3-55 荣县曹家坪冶铁炉现状示意图
资料来源：黄兴绘

十一、河北武安固镇元代冶铁遗址

武安固镇古城位于太行山东麓的南端，建于春秋时期，是赵国的重要城邑之一。战国时期，固镇冶铁业已初具规模。西汉时，汉武帝在此设置铁官。宋元时期固镇冶铁业规模庞大。《宋史》记载，北宋元丰元年（1078年）全国铁产量为 5 501 097 斤，固镇冶 1 971 001 斤。固镇铁产量占全国的 35.8%。元代时期，固镇曾设有"铁冶提领"，管理邯郸一带的冶铁业。

2012 年 10 月，我们考察了该遗址[①]，发现 2 处元代冶铁炉遗迹、1 处木炭痕迹层、1 处炉渣堆积点和 3 块大积铁。

1 号遗址点位于古城遗址西（36°38′52″N，113°57′42″E）。在铁路两侧都有冶铁炉遗迹。考察时，铁路修复线将穿过遗址所在区域，邯郸市文物保护管理所正在对其进行保护性发掘。

---

① 调查组成员有李延祥、潜伟、王荣耕、黄兴以及文物管理所工作同志。

在土台西有 1 号冶铁炉遗迹，用石块砌成，露出部分炉壁约占炉体周围的 1/5，呈 90°折角，可见炉体并非圆形，可能是四边形，也可能是半圆形。外侧有红烧土痕迹，田地内散布一些炉渣，炉渣烧流痕迹较为明显（图 3-56）。土台东侧（与 1 号炉相距 10m）有 2 号冶铁炉遗迹（图 3-57），位于铁路边的土崖上，剩下约一半。我们到达时，邯郸市文物保护管理所正在进行考古发掘，出土了一些陶片、瓦片、炉渣、碳粒。

2 号遗址点位于西面约 100m 处，是一座较大的冶铁炉遗址（图 3-58），外缘直径约有 3m，上部残缺，下部掩埋在土地里。背靠台地，周围田地里有炉渣、炉壁残块、木炭粒散布。

3 号遗址点位于固镇古城遗址东侧，在冶陶镇东 3km 公路北侧 50m 左右（36°58′52″N，113°38′12″E），一条小道边田埂下方压着一层木炭，已经粉末化。经树轮校正，^{14}C 测年结果为 BC 180 年—公元元年，属于西汉中期。

4 号遗址点在 3 号遗址点北侧 100m 处的古城台地东缘土崖，有一处水流冲刷形成的浅坑，坑中发现了一些炉渣，形似冶铁渣，发现了若干大片绳纹灰陶。

图 3-56　武安固镇冶铁遗址西 1 号遗址点 1 号冶铁炉遗迹

资料来源：潜伟摄

图3-57　武安固镇冶铁遗址西1号遗址点2号冶铁炉遗迹

资料来源：潜伟摄

图3-58　武安固镇冶铁遗址西2号遗址点冶铁炉遗迹

资料来源：潜伟摄

5号遗址点位于固镇镇口，在进镇的马路边上并排安放着3块积铁，为1—1.5m，非常致密、坚硬，是固镇从古城遗址中发掘出来移到镇口的。

十二、河南林州正阳集宋代冶铁遗址

据研究文献描述，该遗址位于正阳集村西北路边和断崖上，炼渣、炉壁残块、炉底残块、鼓风管残块、铁矿粉堆积10t左右。河沟边有1.5m高的炼炉积铁块，直径6m左右。当地农民介绍，传说附近曾有宋代炼炉72座，但平整土地后一座也看不到。遗址内的铁渣有三种：第一种渣呈不规则的蜂窝状，灰色，较轻；第二种渣为铁锈色，较重；第三种渣呈琉璃体，光亮致密，较重，有的是黑色，有的是灰色。遗址内残存炉壁残块，有的呈夯层状，一边熔流，其他处橙红色，有的是利用一般砖砌（韩汝玢和柯俊，2007：571）。

2012年2月，我们考察了该遗址[①]。在田埂上发现了灰色比较致密的冶铁渣。路北土崖边发现了红烧土痕迹和积铁锈蚀痕迹，没发现冶铁炉痕迹。村民介绍旁边土层里曾发现铁犁铧。

十三、河南安阳铜冶烨炉村粉红江宋元冶铁遗址

有文献记载，在安阳铜冶烨炉村旁的粉红江边曾发现4座冶铁竖炉（韩汝玢和柯俊，2007：537）。2012年2月，笔者与调查组其他成员考察了该遗址[②]，在河道西岸土崖边发现了4处红烧土遗迹，南北向排列，疑似当年的冶铁炉所在地。河道中散布大量冶铁渣，居民砌造的石墙中也夹有一些较大的冶铁渣，还发现了一些坩埚。

十四、河南林州申村宋元冶铁遗址

有文献记载，该遗址曾发现21个残炉址，其中4个保存较好（韩汝玢和柯俊，2007：573）。2012年2月，我们考察了该遗址[③]。当时此地正在建设铁路，没有发现炉址。附近田埂上、道路旁发现了大量人工堆积的冶铁渣，有的是灰色蜂窝状，有的比较致密，也有红烧土痕迹。

---

① 调查者有潜伟、陈建立、黄兴。
② 调查者有潜伟、陈建立、黄兴。
③ 调查者有潜伟、陈建立、黄兴。

十五、河北隆化下洼子村辽代冶铁遗址

该遗址位于隆化县隆化镇下洼子村东，当地树一标志碑，正面碑文是"隆化土城子城址"。隆化县北安州为北魏始建。

2011 年 5 月，我们考察了该遗址①，发现地面散布有一些炉渣。在遗址标志碑附近有高约 0.30m 的冶铁炉残壁，未见成形的炉体。

十六、河北隆化滦平东沟辽金冶铁遗址

该遗址位于滦平县红旗镇半砬子东沟村后梁（41°00′08.70″N，117°29′20.04″E）。1988 年 5 月承德地区文物管理所、滦平县文物管理所在此调查，发现黄土台地上冶铁竖炉遗迹，圆形，直径 1.9m，残高 0.9m，有一定炉腹角，炉口东西两侧有两道 0.40m 宽的灰色痕迹，疑为风口，炉内积存大量炼渣和木炭屑，炉内壁黏结不规则炼渣，外壁炉衬青灰色。炉体由草拌泥块筑成。根据附近辽金遗址推断该冶铁遗址亦属辽金时期，为辽代渤海冶铁的遗存。

2011 年 5 月，我们调查了该遗址②。在田边一人工挖成的土崖立面上发现了大片烧灼痕迹，未见残存的炉体；采集了 6 枚炉渣，均为深灰色、多孔状、致密、质量较轻、未见铁锈；采集到 6 枚有绳纹的灰陶、5 枚有绳纹的红陶。

十七、河北赤城上仓辽代冶铁遗址

该遗址位于河北张家口市赤城县田家窑镇上仓西南（40°37′48.95″N，115°31′07.46″E），地处龙烟铁矿矿区。有文献依据 ^{14}C 测出的该地冶铁遗址年代与辽代相关的历史记载相合。

2011 年 5 月，我们考察了该遗址③。遗址位于田间土崖周围，地面散布大量炉渣，比较致密、坚硬，流动状态较好。发现了一些赤铁矿，颗粒大小不等。其中较大的一块接近正方体，边长约 0.18m。经北京科技大学化学分析中心检测，全铁含量达到 60%，属于富矿，适合冶炼。遗址现场没有发现冶炼炉痕迹。

---

① 调查者有李延祥、潜伟、黄兴、王启立。
② 调查者有李延祥、潜伟、黄兴、王启立。
③ 调查者有李延祥、潜伟、黄兴、王启立。

第五节 明清冶铁竖炉

一、河北遵化铁厂明代冶铁遗址

河北遵化铁厂镇铁厂村是明代重要的制铁基地之一，留存了多处明代冶铁遗迹。2011年5月、2014年3月，我们两次考察了该遗址[①]。第一次调查发现在村东民房附近土崖上有两座相邻炉体遗址点（40°09′00″N，117°51′56″E）。遗址点北边有大量细碎木炭堆积，可能是筛选后未能入炉；东北方向50m处有大量炉渣堆积和红烧土痕迹，这些都表明该地曾有多座冶铁炉遗址。

南侧的1号炉炉体下部存留，沿着土崖形成一个弧形剖面（图3-59）。北部炉壁内层用石块砌筑，表面挂渣，红烧土层厚度约1m；南部炉壁不存；炉底至崖顶高3.5m。

图3-59 遵化铁厂冶铁遗址1号炉炉址

资料来源：黄兴摄

---

① 两次的调查者先后有李延祥、潜伟、黄兴、王启立、陈虹利、李潘。

北侧的2号炉（图3-60）残存南侧约1/4圆周的炉壁，炉壁有一个明显的拐角，说明原来的炉体可能是方形的。从断面来看，炉体内层用0.50m大小的石块砌筑，石块与土崖之间用土填实。

图3-60　遵化铁厂冶铁遗址2号炉炉址
资料来源：黄兴摄

我们绘制了遵化铁厂冶铁遗址2号炉现状图（图3-61）。

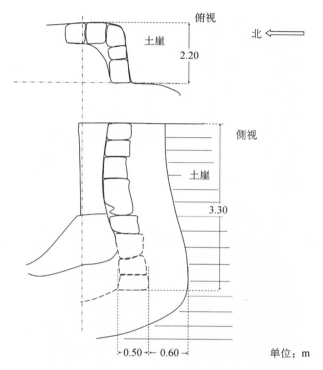

图3-61　遵化铁厂冶铁遗址2号炉现状示意图

资料来源：黄兴绘

在铁厂镇成为冶铁中心之前，明永乐年间政府曾在遵化小厂乡松棚营村开设大型冶铁场。笔者与调查组其他成员于2014年3月考察了该遗址。在松棚营村东南坡地水沟沿旁（40°14′19″N，118°05′45″E）发现了1处石砌底部炉壁残体和1处红烧土遗迹，其筑炉材料与遵化铁厂遗址相同。2014年3月第二次调查时，遵化铁厂冶铁遗址2号炉已经被完全破坏。

二、湖南永兴平田清代冶铁遗址

该遗址位于永兴县悦来镇平田村澄水组（11组）南侧，直线距镇政府5.9km，临县道054线。第三次文物普查资料中有该遗址的文字记录。2018年4月，我们考察了该遗址[①]。

---

① 调查组成员有黄兴、周文丽（中国科学院自然科学史研究所）、莫林恒（湖南省文物考古研究所）、罗胜强（郴州市文物事业管理处）、林永昌（香港中文大学）、廖恒（桂阳县文物管理所）等。

遗址面积约 2 万 m^2，南北长 200m，东西宽 100m，三面环山，仅西面临水稻田地。遗址中现存生铁冶炼炉 1 座（图 3-62—图 3-64），仅剩北侧的半壁炉体，呈半圆形。从剖面观察，炉体内型有明显的炉身角和炉腹角，炉缸内收。炉壁用黏土逐层夯筑，掺有大量岩石颗粒，粒径 0.5—1.5cm。炉腰以上有黑色挂渣，炉腰以下炉壁略有侵蚀，露出炉壁材料；炉壁中间沿竖直方向开裂，西侧部分略有外倾。炉底呈圆形；炉门朝向西侧。现存炉顶到炉前地面高 5.00m，到内部炉底高 4.50m；炉底外径 3.30m；炉腰内径 2.00m；炉缸直径 0.90m，高 0.55m。该炉的炉容估算约 7.5m^3。

图 3-62　永兴平田冶铁炉（自南向北，左侧为炉门）

资料来源：黄兴摄

图 3-63　永兴平田冶铁炉航拍俯视

资料来源：莫林恒摄

图 3-64　永兴平田冶铁炉（自北向南，右侧为炉门）

资料来源：黄兴摄

冶铁炉周围田地内散布一些炉渣、青花瓷片、陶板瓦片、铁矿石等。尚未见到较大的炉渣堆积。据村民介绍，村后山原来还有很多采铁矿形成的大坑，矿石属于锰铁矿石。根据采集到的青花瓷片判断，其年代应为清代。此外，该冶铁炉的炉型较为成熟，炉容较大；其部分特征与清代《广东新语》等文献记载的冶铁炉相近。采用黏土夹砂逐层夯筑是南方冶铁竖炉普遍采用的方式。

永兴境内铁矿资源分布零散，光绪《永兴乡土志》载："随处皆有此矿。"目前发现铁矿储量较大的矿体在三塘、油麻、马田、碧塘等地。永兴境内清代炼铁较多，主要铸造铁锅、铁农具。而该遗址也在这个区域内。

第四章

古代典型冶铁竖炉炉型
复原与分类分期

　　从实地考察和文献调研可见，古代竖炉的主要部位存在显著类型化现象，包括炉体内型轮廓的横（水平）截面、纵（竖直）截面的形状，以及风口的数量、高度、水平角、倾角等，可依此对炉型进行分类。此外，竖炉炉容、建炉材料等也可作为划分竖炉类型的要素。

　　我们对考察过的冶铁竖炉做了初步复原、反复比较和归纳，将其总结为 A 至 F 共计六型九式，选择 9 座具有代表性、保存较好的竖炉来展示（表 4-1、图 4-1），结合遗址断代数据制作了中国古代竖炉炉型分期表（表 4-2）。古代存在过的炉型当然不止此数，随着考古工作的推进，其类型会更加丰富。

表 4-1　中国古代竖炉炉型主要特征

炉型	主要特征	典型炉址	相似炉址
A	炉缸水平鼓风，细炉缸，收口，圆形，大型，土夯	西平酒店炉	
B	炉腹倾斜鼓风，宽炉缸，收口，椭圆形，大型，土夯	郑州古荥1号炉	古荥2号炉、鲁山望城岗1号炉、西平冶炉城炉、武安经济村炉
C	炉身内收不明显，宽炉缸，圆形，小型，土夯	蒲江古石山炉	舞钢翟庄炉、铁生沟小型圆炉
D I	炉腹倾斜鼓风，宽炉缸，炉身内收，收口，圆形，中型，石砌，土夯	延庆水泉沟3号炉	水泉沟1号A炉、水泉沟村民屋后炉、四海炉、汉家川炉、蓝旗营炉、平田炉
D II	炉腹倾斜鼓风，宽炉缸，炉身内收，直口，圆形，中型，石砌	焦作麦秸河炉	鲁山西马楼炉
D III	炉腹倾斜鼓风，宽炉缸，炉身内收，敞口，圆形，特大型，石砌	武安矿山村炉	
E I	炉腹倾斜鼓风，宽炉缸，炉身内收，收口，方形，小型，石砌	延庆水泉沟4号炉	水泉沟2号炉、水泉沟1号B炉、江苏利国驿炉、铁生沟方炉、鲁山望城岗倒梯形炉
E II	炉腹倾斜鼓风，宽炉缸，炉身内收，直口，方形，大型，石砌	遵化铁厂2号炉	松棚营炉
F	炉腹倾斜鼓风，宽炉缸，炉身内收，收口，半圆形，中型，土夯	荣县曹家坪炉	

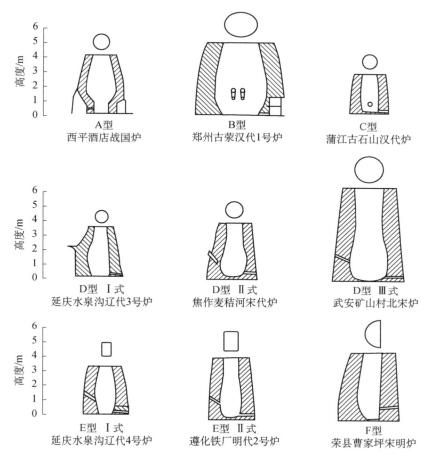

图4-1　中国古代六型九式冶铁竖炉炉型复原（风口炉门截面）

资料来源：黄兴绘

表4-2　中国古代竖炉炉型分期表

期	段 \ 型式	A	B	C	D	E	F
一	一、先秦	√					
	二、汉代		√	√			
	三、魏晋南北朝		√?				
	四、隋唐		√?				
二	五、宋辽金元				Ⅰ、Ⅱ、Ⅲ	Ⅰ	√?
	六、明清				Ⅰ	Ⅱ	

如前所述，遗址中留存的竖炉都经过一段时间冶炼，属于使用炉型，与设计炉型有一定差异，差异大小与冶炼强度、时长及炉内状况有关。我们该将竖炉复原到何种程度？古代冶铁生产是有计划地进行的，并非把竖炉用坏为止。停炉时的炉型依然是可以使用的。使用炉型发挥了实际作用，影响了炉内冶炼；也体现了炉型的设计理念，反映了冶炼的实际情况。我们的复原以炉址现状为基本依据，结合其他能够反映炉型特征的遗迹现象，依据冶铁原理进行推测。复原出的炉型接近设计炉型。

其中，古荥汉代竖炉是在前人复原基础上做了部分改进；西平酒店战国竖炉、蒲江古石山汉代竖炉、武安矿山村北宋竖炉、延庆水泉沟辽代3号竖炉、延庆水泉沟辽代4号竖炉、荣县曹家坪宋明竖炉、遵化铁厂明代2号竖炉为新提出的或有重大改进的复原方案。

表4-2中，一期三段和二期四段B型炉分别指武安经济村竖炉和马村竖炉，此二炉的体量和炉缸面积接近郑州古荥1号炉，炉身曲线不太显著，暂将其列为B型炉；二期五段F型炉是指荣县曹家坪竖炉，该炉年代推测为宋代至明代，本表暂列为宋代。

第一节　西平酒店炉炉型（A型）

西平酒店冶铁遗址是目前确认的唯一战国竖炉遗存。西平酒店竖炉现存炉腹及炉缸部分呈碗状，与广西贵港地区发现的碗式块炼铁炉外形略为接近，体型大很多，但不能就此认为它是大型碗式炉。发掘简报直接称之为竖式炉，并未对其炉型进行讨论（河南省文物考古研究所和西平县文物保管所，1998）；其他文献中也没有对其进行复原。我们根据调查资料和分析，提出了竖炉的复原方案，理由如下。

第一，该炉炉缸以上直到顶部，其内壁均粘有大量黑色玻璃态炉渣，厚3—5cm；炉渣内侧有清晰的、具有细致纹理的木炭嵌痕（图4-2）。这表明在此高度，炉料软化已经相当充分，并开始液化，温度应该在1200℃以上。由于炉料吸热、物理水和结晶水吸热、蒸发带走热，以及炉料向炉外传热、热辐射，高炉顶温度一般在300℃，敞口的碗式炉炉顶热散失严重，其温度会更低。所以原炉体高度应该远大于现存炉高。参考其他古代竖炉及现代高炉内部炉壁挂渣、炉料软化及温度分布情况，西平酒店冶铁炉炉顶的温度和炉料状态相当于炉身下部至炉腰的位置。

图4-2　西平酒店炉炉腹和炉腰烧熔及粘渣印迹

资料来源：黄兴摄

第二，实地考察发现该炉由黏土、河沙和石英颗粒混合筑成，石英颗粒在炉缸内壁可清晰见到（图4-3），发掘简报中也明确提及这一点（河南省文物考古研究所和西平县文物保管所，1998）。其他地区发现了不少战国时期夯土炉壁等遗存，说明这一时期的竖炉都以黏土为基本材料，夯筑而成。黏土中掺入河沙和石英颗粒在汉代古荥、铁生沟、鲁山等其他较高的夯土炉体中也常见。掺入细石可以显著提高夯土耐压强度，说明该炉的建炉材料有助于支撑更高的炉体。

第三，我们第二次考察该遗址期间，从西平县文物保管所工作人员处了解到，发掘之前，常有附近居民砸取炉壁作他用，之前的炉身远高于现状。

第四，发掘简报中提到了炉前有一条长条状沟槽，认为是一条风沟，两侧壁直立，有拱形顶；风沟直通炉内，炉内石块可能是风沟的顶盖（河南省文物考古研究所

图4-3 西平酒店炉鼓风口照片
资料来源：黄兴摄

和西平县文物保管所，1998）。风沟可以将地面与炉缸分开，防止地下潮气上升；还可以点火加温炉缸，防止炉缸冻结。但鉴于后来人们经常砸取炉壁作他用，也不能排除是后期砸取炉壁时掉进去的。我们考察时发现底夯土经历过高温烧结，非常坚硬，取样时，用一字改锥非常用力才取下一小块。应该是冶炼时的炉底。炉缸中部有一个非常明显的贯通孔，这在发掘简报的照片上可以清晰地看到，但发掘简报及其绘制的炉址线图中并未提及该孔道。

综合以上调查和分析，我们认为敞开的两壁对应位置应该是炉门，炉前风沟则是炉前排渣槽；相对另一侧应该是鼓风的位置，炉壁上孔道可能是鼓风口。西平酒店竖炉属于单风口、细炉缸、收口形竖炉，具体尺寸复原如下。

古代竖炉炉型多为"矮胖型"，炉腰高度为炉内全高的40%—50%，照此推算，西平酒店炉原炉高为4.00—4.50m，再结合炉内型轮廓线走向，推测炉高为4.20m。从鼓风口向内观察，风口外侧正对的为红色含水土层，并与风口内壁夯实过的浅白色土层形成明显对比，从而推测该炉是背靠土崖夯筑而成的，夯土炉壁厚度约0.50m。全炉复原图如图4-4所示。

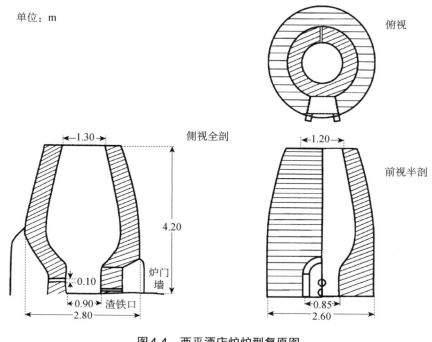

单位：m

俯视

侧视全剖

前视半剖

炉门墙

渣铁口

图4-4　西平酒店炉炉型复原图

资料来源：黄兴绘

第二节　郑州古荥 1 号炉炉型（B 型）

汉代社会生产力快速发展，对外战争频仍，需要大量铁器资源来支撑。这对铁产量提出了较高的要求。考古工作者在汉代古荥"河一"、鲁山"河三"铁官遗址均发现了大型冶铁竖炉，它们代表了当时最先进的冶铁技术。

已有多篇文章对古荥和鲁山大型冶铁竖炉及冶炼工艺做了深入研究，提出了椭圆形炉的复原方案（河南省博物馆等，1978；《中国冶金史》编写组，1978；刘云彩，1992；李京华，2006a）。其中关于古荥 1 号炉，已有方案一致认为：其炉型水平截面是椭圆形，因为竖炉前坑内积铁下部轮廓和炉基轮廓都是椭圆基（图4-5）。从铁瘤高度推算炉高 4.00—5.00m；从炉容、积铁柱位置推测有 4 个鼓风口。有文献结合后来发现的武安矿山村宋代冶铁竖炉、铜绿山春秋冶铜竖炉，认为古荥竖炉也应该具有炉身角（李京华，2006b）。

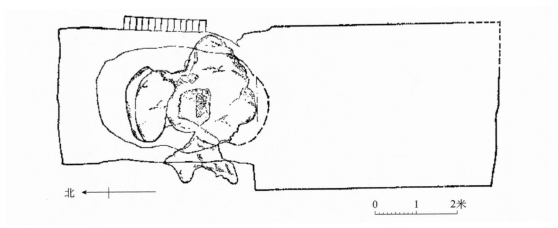

图4-5　古荥冶铁遗址1号炉炉基与积铁外形对比
资料来源：河南省博物馆等，1978

　　我们认为，前人复原的基本思路是合理的，然而由于当时考古发现和可参照的古代炉型资料很少，推算炉高时有些方面没有考虑到，使得复原炉型的高径比太小，不利于冶炼，可以考虑进一步增加炉高，依据如下。

　　前人复原方案中计算铁瘤枝丫高度是从左侧较为平整积铁上表面计起，而计算炉高则是从下表面计起。我们认为应该统一按积铁下表面计（左侧积铁），则铁瘤高度应为2.40m。按铁瘤高度占全炉高40%—50%算，则全炉高度为4.80—6.00m。文献中认为古代皮囊的风压不足以吹透如此高的炉料，而将炉高定为4.50m。实际上，该炉采用炉腹鼓风，风压要吹透的炉料高度应该从风口即铁瘤枝丫处开始向上计算。这样在同等风压下，炉体得以增高，使得高径比更为合理。而且为了避免炉缸温度不足，采用了倾斜向下鼓风，这样炉缸与炉腹之间就不能有西平酒店竖炉那样明显的折线，炉缸显得宽大，与炉腹连为一体。从后世的冶铁炉考古发现来看，这种结构一直被沿用下来，成为中国古代竖炉炉型的典型特征。基于此，本书将古荥1号炉复原，见图4-6。

　　根据实地考察发现的细节，古荥1号炉的复原不能排除还有另外的可能性。1号积铁下部椭圆部分明显分为两部分：与枝丫相连的较薄圆形部分，较厚的半圆形部分（图4-6）。若这两部分都是在炉缸内形成的，它们的底面应该在同一高度，即厚度应该一致。但从照片和发掘报告线图来看，半圆形积铁的厚度约1.20m，圆形积铁的厚度为0.40—0.50m；前者远大于后者。1号炉的炉底较为平坦，未见能容纳1号积铁半圆形部分的坑洼；其炉底均为夯土，材料一致，被铁水侵蚀的差别不会如此之大。半圆形积铁可能不是在炉内形成的，而是冶炼时从炉门流出形成的。照此分析，炉缸可能是圆形的。这有待今后继续研究。

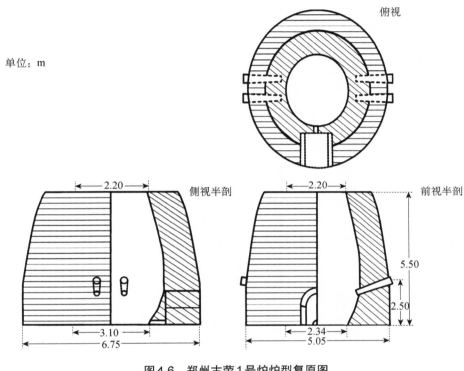

图4-6　郑州古荥1号炉炉型复原图

资料来源：黄兴绘

第三节　蒲江古石山炉炉型（C型）

先秦和汉代除了大型竖炉，官营和民间冶铁场还使用了小型冶铁竖炉。早期冶铁炉型体型较小，炉身曲线变化不明显，接近直筒形。以四川蒲江古石山炉为例，根据现场观察和照片分析得到以下初步认识，并绘制复原简图（图4-7）。

第一，炉体没有明显炉腹角，炉缸与炉底夹角接近90°，现存炉体上部略微外扩，顶部似乎有些内收迹象。可能有一定炉型曲线，但不会很明显。整体看来似乎是平直内收。

第二，炉体顶端不是当时的炉顶，炉壁内侧有软化的矿石痕迹。矿石软化能够黏结现象一般位于炉内40%—50%高度处，即炉腹中上部软熔带的位置。此位置高度约0.90m，照此推测，该炉的高度约2.20m。但与现代高炉相比，此炉身角不明显，保温效果会差些；且古代鼓风风压如果不足，都会导致软熔带下移。所以炉身可能更高一些，约3.00m。

第三，从现存炉壁走向来看，如果将风口设置在土崖方向，其高度至少在1.67m以上。从炉壁走向看，将会造成炉底供风不足，所以有可能风口、炉门的方位如荣县曹家坪的炉子，都在土坡前面，夹角大约为90°。

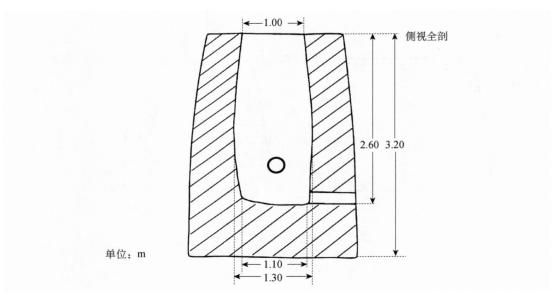

图4-7 蒲江古石山炉炉型复原图

资料来源：黄兴绘

第四节 延庆水泉沟3号炉炉型（D型I式）

延庆水泉沟辽代冶铁遗址发现的圆形竖炉炉址共有3处，其中3号炉炉身以下保存较好，主要特征是水平截面接近圆形，单风口炉腹鼓风，炉身内收明显。本书采用三维激光扫描技术获取了高精度的炉型数据。残缺部分主要是炉腰以上部位，包括炉喉、炉口。炉体背靠土崖的一边残留较高，炉前一面残留较低。

宋元时期此类竖炉比较常见，在河南、河北、北京等地都有发现，如河南南召下村宋代竖炉群、焦作麦秸河宋代竖炉，河北武安固镇古城元代竖炉、兴隆蓝旗营辽代竖炉等。我们以经过正式发掘的北京延庆水泉沟辽代3号竖炉为例，对此类竖炉进行复原。

炉腰以上部分的复原参考以下几个方面。第一，从现存顶部炉型曲面走向来看，缺失部分仍有内倾，但角度已经减小。第二，水泉沟村民屋后另一处冶铁炉残存不到1/4圆周，纵向炉型曲线保存较好（图4-8）。这两座竖炉可视为同类，就此认为水泉沟3号炉高度可参考后者，且炉口仍保持收缩状。

图4-8　延庆水泉沟村民屋后的竖炉遗址
资料来源：魏薇摄

风道内、外风口（图4-9）均为长方形，竖直高度大于水平宽度。外侧风口内壁抹耐火层，表面平滑，可见白色风干痕迹。内侧口内缘只剩石砌炉壁，内缘炉壁表面粘有较薄的炉渣，据此推测内壁没有涂抹耐火层，即现存风口尺寸与冶炼时相同。

图4-9　延庆水泉沟3号炉风道内口（左）和风道外口（右）

资料来源：黄兴摄

综合以上分析，本书提出了水泉沟3号炉的复原方案（图4-10）。

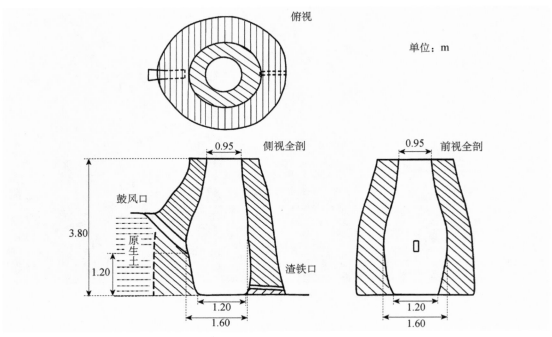

图4-10　延庆水泉沟3号炉炉型复原图

资料来源：黄兴绘

第五节　焦作麦秸河炉炉型（D 型 II 式）

焦作麦秸河炉也是用石材砌筑而成的，中等炉容。炉门一侧炉壁不存，但其他部位保存相对较好，整体复原相对容易。

该炉的主要特征是炉身上段为直筒形（图 3-30），使用大型石块砌筑（图 3-31），这些石块上粘有较薄的炉渣，没有明显的侵蚀痕迹。这一点与南召下村 4 号炉相近，但炉容明显小很多。

炉腰以下部分侵蚀较为严重，能看到明显的石料断层，原来的炉腰、炉腹直径应该明显小于现状。

炉腰部位有一个方形石洞，从其倾斜向下的角度和尺度来看，应该是风口所在部位。

由于炉门一侧炉壁不存在，无法直接测量风口至炉门一侧的前后方向内径，但从剩余炉壁的水平圆周走向推测，该方向内径可能略小于左右方向内径。

根据这些分析，我们复原了焦作麦秸河炉炉型（图 4-11）。

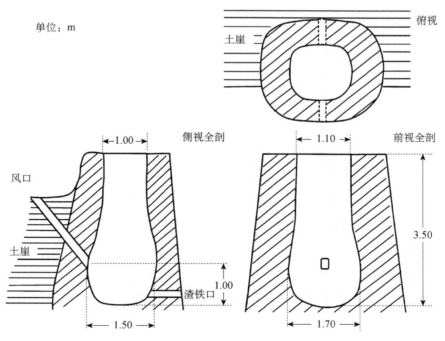

图 4-11　焦作麦秸河炉炉型复原图
资料来源：黄兴绘

第六节　武安矿山村炉炉型（D型Ⅲ式）

唐宋之际，中国北方竖炉筑炉材料发生了重大转变，即由夯土转变为石料。大块石料砌成的炉体，其强度远高于夯土炉，增加了炉型曲面设计的变化空间，普遍现象是炉身角变得更加明显，形成了多种类型的竖炉。

这时期出现了一种大型收腰敞口形竖炉，目前已发现的只有河北武安矿山村炉一例。

该炉是目前国内发现残存最高的冶铁竖炉，鼓风口一侧的半面炉体残存，内部为石砌，主要特征是中部内收，炉身较为平直，略微敞开，与之前的其他竖炉有显著差别。

我们根据两次调查的资料和三维激光扫描数据（Wang et al., 2017）复原了该竖炉。炉身上部的炉衬保存较好，说明保留了初始炉型形貌；炉腹部位侵蚀严重，很多部位露出了炉体石料，此处初始炉型应适当内收。考虑到严重侵蚀的因素，现在的炉腰内收部位很可能是原设计炉型的炉身部位；由于下方侵蚀严重，显得此处炉壁突然内收。由于炉门一侧完全不存，笔者先假设炉体水平截面呈圆形，即炉体内型关于中心轴对称。通过后文的数值模拟，发现炉门一侧风力已经很弱；即使将炉型水平截面设计为正圆形，也会在此处结瘤。因此经过数值模拟，将使用炉型复原方案调整为如图4-12所示。

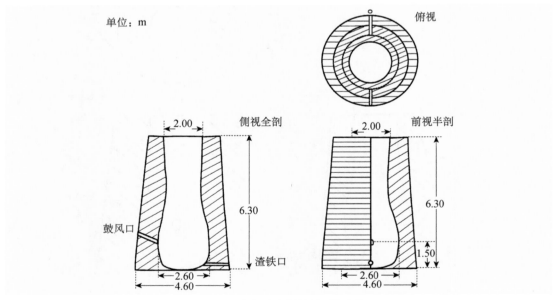

图4-12　武安矿山村炉炉型复原图
资料来源：黄兴绘

第七节　延庆水泉沟4号炉炉型（E型I式）

　　在北京延庆和黑龙江阿城发现的辽金时期方形冶铁炉，分别为延庆水泉沟辽代冶铁遗址1号遗址点的3座冶铁炉，黑龙江阿城小岭镇五道岭、葛家屯、东川屯等遗址点的7座冶铁炉（黑龙江省博物馆，1965）。

　　这些冶铁炉的主体结构较为接近，其横截面都是方形，采用石砌。不同之处是水泉沟炉体较为高大，炉腹附近在炉后有鼓风口，倾斜向下鼓风；试掘报告显示的阿城冶铁炉炉后没有鼓风口，可能是从炉门一侧鼓风，也可能是炉后有风道没有被发现。相比之下，水泉沟方形炉体型较大，炉身曲线明显，体现了较高的设计水平。阿城冶铁炉体型较小，炉型发掘资料不够全面，其技术水平有待继续考察。

　　我们以水泉沟4号炉为代表来复原。该炉采用石砌，四周由较小石块砌成，炉腹背靠土崖一面部分炉身保存较好，有方形风道（图4-13），风口上方使用了较大石块。从风口高度占全高的比例和炉身曲线将该炉复原（图4-14）。

图4-13　延庆水泉沟4号炉风道后出口

资料来源：黄兴摄

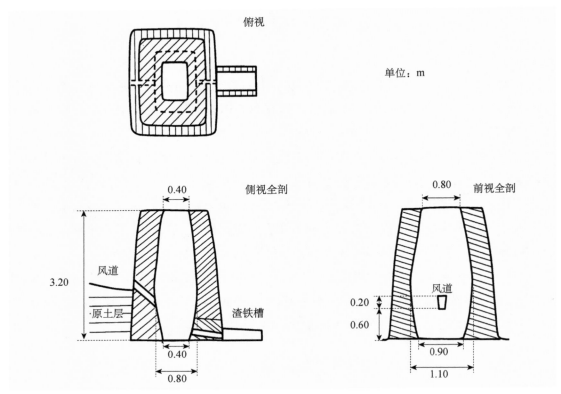

图4-14　延庆水泉沟4号冶铁炉炉型复原图

资料来源：黄兴绘

第八节　遵化铁厂2号炉炉型复原（E型Ⅱ式）

明代遵化铁厂冶铁遗址1号炉仅剩炉腹以下部分炉壁，炉型不清楚，炉容较大。2号冶铁炉炉型炉腹以下部分与武安矿山村炉相近，但炉容略小些；炉腰以上水平截面有些拐角，炉口并非圆形，表明其横截面接近圆角矩形。

明代天启年间成书的《涌幢小品》（朱国桢，1998）记载：

遵化铁炉，深一丈二尺，广前二尺五寸，后二尺七寸，左右各一尺六寸。

有研究者依据这段文字提出遵化竖炉前面的出铁口内径2尺5寸，后面的出渣口内径2尺7寸，两侧鼓风口内径各1尺6寸（杨宽，1956：185-186）。按明代1尺合

0.311m 计（吴承洛，1937），这组铁口、风口和渣口的尺寸超过了合理值。

我们认为《涌幢小品》中的"广"字当与"深"字相对应，是对平面内形状的描述，即应当是炉顶口沿各边的长度，而非对渣口、铁口及风口的描述。即炉深 3.73m，炉口在炉门一面的边长 0.78m，炉口临土崖一侧的边长 0.84m，左右两侧 0.50m。这与遵化铁厂 2 号炉现场考察所见炉顶边缘有方形折角（图 3-60）情况相符。

古代文献描述的竖炉自然不是遵化铁厂现存 2 号炉，后者体型更大一些。但可将其视为同种类型。从现存炉址看，炉身上部炉壁较为平直，不是完全内收形状，这一点与焦作麦秸河竖炉相近。

我们参考古代文献记载的炉口、炉深比例，根据现场考察所见炉壁曲线及炉型大小，复原了遵化铁厂的方形竖炉，见图 4-15。

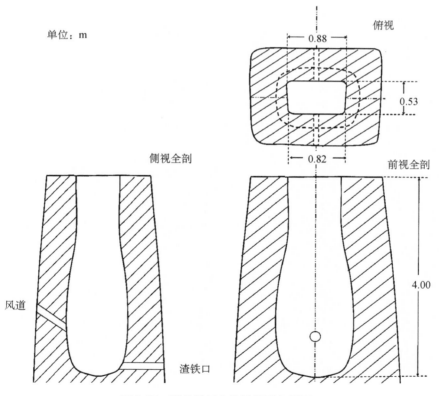

图 4-15 遵化铁厂 2 号炉炉型复原图
资料来源：黄兴绘

第九节　荣县曹家坪炉炉型（F型）

　　为了增强炉心部位的供风，古代出现了多种炉型设计。其中非常特别的一种是将炉型的水平截面建成半圆形，将鼓风口安置在直边中心，从侧面出渣出铁。目前已发现的此类竖炉主要有四川荣县曹家坪夯土冶铁炉。此外，河南南召下村4号炉地上部分也接近半圆形，该炉有可能也是此种类型。荣县曹家坪竖炉保存较好，我们以此为例对半圆形竖炉进行复原。

　　由于鼓风口部分夯土坍塌，没有直接依据确定其尺寸。与水泉沟辽代冶铁遗址3号炉相比，两炉容积相近，时代相差不远，推测两炉的鼓风能力和风口尺寸应当相近。从现存风口内低外高状况看，风道应该有一定倾角，但明显小于延庆水泉沟3号炉等类型。据此复原了荣县曹家坪竖炉（图4-16）。

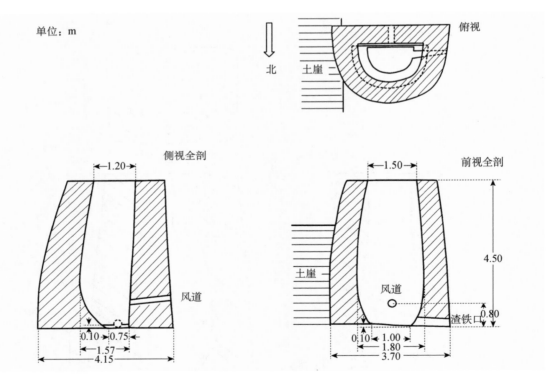

图4-16　荣县曹家坪炉炉型复原图

资料来源：黄兴绘

第五章

古代竖炉气流场数值
模拟分析

研究古代冶铁竖炉的一个难点是如何科学、有效地分析炉型对炉内冶炼的影响。

竖炉冶铁过程可概括为在尽量低能量消耗的前提下，通过可控的炉料及煤气流的逆向运动，高效地完成还原、造渣、传热及渣铁反应等过程，得到化学成分和温度较为理想的液态生铁，供下一步工序（铸造、炼钢）使用。实际上，竖炉内部冶铁过程非常复杂，会发生四百多种化学变化，而且各种物理变化和化学反应互相耦合，组成了一个巨大、复杂的系统。竖炉属于密闭的逆流式热交换装置，内部处于高温、高压状态，无法直接观察，且气、固、液、粉四相共存，加上半熔融状态的软熔带的存在，导致高炉内部现象极其复杂。虽然对渣铁产品进行实验室分析，如金相观察、电镜扫描和化学分析等，可以获得冶炼过程的部分信息，但无法准确获知炉型所起到的作用。已有的冶金史研究中，主要通过观察和经验判断等手段来分析炉型，容易受到研究者主观认识的影响，也难以对丰富的古代竖炉炉型进行深度分析。

只借鉴现代高炉知识与经验是不够的，需要借助科学手段进行专门分析和解释。现代冶金领域已经开始利用计算机技术如CFD来模拟炉内冶炼状态，为生产提供辅助研究。目前现代高炉观测与研究的方法主要是利用冶金理论和实践知识研究建立数学模型，对局部或全高炉进行模拟，以深化认识高炉现象。局部模型案例有"煤粉燃烧与风口回旋区数学模型""炉底炉缸温度场数学模型""基于实验室研究的高炉下部气体流动模型"（毕学工等，2010），以及"高炉块状带煤气流分布的数值模型"（朱清天和程树森，2006）。全高炉模拟的研究案例有"二维轴对称稳态数学模型"，此模型涉及气、固、液、粉四个相态的质量、动量、热和化学成分等物理量，揭示了各相在炉内的分布和运行方式（史岩彬等，2006）；以及"高炉内气体流动、传热的二维和一维数理模型"，此模型对高炉煤气流的流场、压力场和温度场进行了数值模拟，结果预测了炉内气体成分变化，并分析了燃烧温度和鼓风速率对煤气流动及温度的影响（毕学工，2000）。

CFD从基本物理定理出发，应用离散化的数学方法，分析研究各类流体力学问题，以解决各种实际问题。求解结果可以预报流动、传热、传质、燃烧等过程的细节。CFD具有有限差分法、有限元法、有限体积法等多种数值解法（朱清天和程树森，2006）。我们采用Fluent软件即采用有限体积法，该软件由Gambit、Fluent、 prePDF、TGrid、Filters 等几部分组合而成（李进良等，2009；王福军，2004）；依据的控制方程有质量守恒定律、动量守恒定律、能量守恒定律、组分守恒定律以及湍流输运方程等（Fluent Inc.，2006），详见附录2。

数值模拟方法成本较低、适用范围较广，对研究古代竖炉冶铁具有较高的可应用性。

第一节　古代竖炉气流场数值模型的开发

一、对古代竖炉气流场数值模拟方法的探讨

本书要解决的问题是古代竖炉炉型对冶炼的影响。炉型为冶炼服务，但冶炼过程受到炉型与非炉型因素共同影响，造成炉型与工艺之间具有多层次关联。炉型对冶炼的影响首先体现在控制炉内物质和热量的分布与流动，进而与鼓风、装料、造渣等生产制度相配合，促进物质输运、温度分布、矿石还原等各环节的优化配置；最终实现生铁生产顺利、高效进行。

古代竖炉炉型与现代高炉的五段式结构既有相似之处，也有一些差别。要分析古代的炉缸、炉腹、炉身、炉口、风口关键要素对炉内冶炼产生何种影响，需要借鉴现代研究，开发新的模型。鉴于竖炉冶铁和全状态模拟高度复杂，古代竖炉类型与现代高炉大不相同，生产过程标准化程度不高，也没有现成的数据可用。故此，本书中的数值模拟不是为了精确反映炉内最终冶炼状态，而是遵循合理、可信的原则，用模拟和比较来揭示各种炉型对气流场的影响。在此基础上，探讨炉型对传热传质、工艺特征的影响。

古代炉型结构特征主要体现在水平、竖直截面形状，风口位置、角度，炉容大小等方面上。本章以具有代表性的复原炉型为例，分析这些结构特征对冶炼的影响。这涉及两方面的难点：一是涉及较多的炼铁学知识和数值模拟方法；二是古代冶铁数据极其匮乏，也没有标准。对此，首先做些必要的讨论和分析。

现代高炉多采用五段式炉型（图5-1），炉型、风口布局都沿中心对称。高炉内各区域进行的主要反应及特征见表5-1。高炉过程及不同区域的特征可用纵剖图表示（图5-2）。

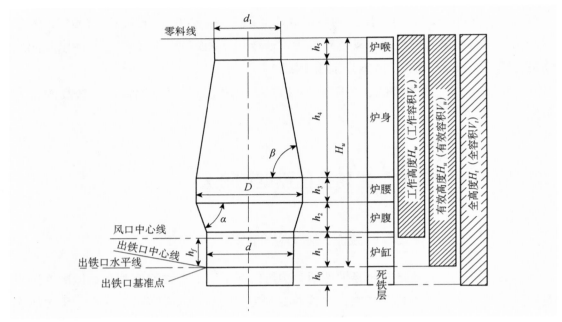

图 5-1　现代高炉内型示意图

d：炉缸直径；D：炉腰直径；d_1：炉喉直径；H_u：有效高度；h_1：炉缸高度；h_2：炉腹高度；h_3：炉腰高度；
h_4：炉身高度；h_5：炉喉高度；h_0：死铁层高度；h_f：风口高度；α：炉腹角；β：炉身角

资料来源：王筱留，2013：374

表 5-1　高炉内各区域进行的主要反应及特征

区号	名称	主要反应	主要特征
1	固体炉料区 （块状带）	间接还原，炉料中水分蒸发及受热分解，少量直接还原，炉料与煤气间换热	焦与矿呈层状交替分布，皆呈固体状态，以气-固反应为主
2	软熔区 （软熔带）	炉料在软熔区上部边界开始软化，而在下部边界熔融滴落，主要进行直接还原反应及造渣	为固液气间的多相反应，软熔的矿石层对煤气阻力很大，焦窗总面积及其分布决定了煤气流动及分布
3	疏松焦炭区 （滴落带）	向下滴落的液态渣铁与煤气及固体炭之间进行多种复杂的质量传递及传热过程	松动的焦炭流不断地落向风口回旋区，其间又夹杂着向下流动的渣铁液滴
4	压实焦炭区 （死料柱）	在堆积层表面、焦炭与渣铁间反应	相对呆滞
5	渣铁储存区 （冶铁产品反应带）	在铁滴穿过渣层及渣铁交界面上发生液态反应，由风口得到辐射热，并在渣铁层中发生热传递	相对静止，只有在出渣出铁时才会有较大扰动
6	风口回旋区 （燃烧带）	焦炭及喷入的辅助燃料与热风发生燃烧反应，产生高热煤气，并主要向上快速逸出	焦块急速循环运动，消耗燃料，产生煤气，是炉内温度最高区域

资料来源：王筱留，2013：7-8

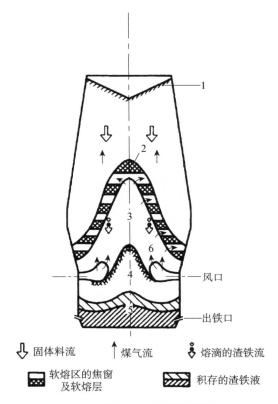

图 5-2　运行中的高炉纵剖面图

1：固体炉料区；2：软熔区；3：疏松焦炭区；4：压实焦炭区；5：渣铁储存区；6：风口回旋区

资料来源：王筱留，2013：7

史岩彬等人利用"二维轴对称稳态数学模型"控制容积积分法导出离散方程，并通过数值计算求解，对流项采用迎风格式差分（史岩彬等，2006）。气、颗粒相动量方程中压力速度耦合关系由 Simple 方法求解。所有方程同时求解。经过仿真计算可视化得到等温线图和矢量图（图 5-3、图 5-4）。在图 5-3 中，气、粉相温度基本一致，在回旋区后部温度最高，向上穿越软熔带后急剧冷却，上升至料堆逐渐冷却。在炉身区域固相温度与气相温度相近，焦炭从软熔带下落至回旋区逐渐升温，液相温度随着液滴由软熔带落至回旋区逐渐升高。图 5-4 中，气相在软熔带下部受到软熔带的阻碍而被导向轴线，倾斜的布料面和靠近轴线粗糙的固体颗粒都有利于气流沿轴线流动；固相在软熔带下部呈漏斗状流向回旋区，固相曳力在炉墙和死料区表面非常明显；液相几乎不受气流影响；粉相流动跟随气流相流场显示出了强耦合性。

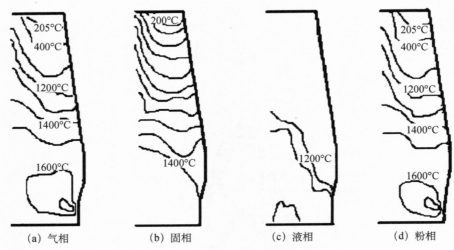

（a）气相　　　（b）固相　　　（c）液相　　　（d）粉相

图5-3　各相态等温线计算结果图

资料来源：史岩彬等，2006

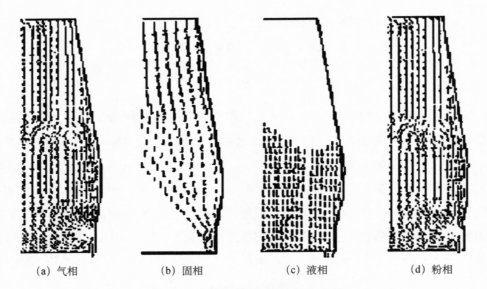

（a）气相　　　（b）固相　　　（c）液相　　　（d）粉相

图5-4　各相态速度矢量计算结果图

资料来源：史岩彬等，2006

　　结合其他的现代研究，对于现代高炉，炉体下部的煤气一次分布主要受鼓风制度下部调剂影响；中上部煤气二次分布主要受软熔带、料层的上部调剂影响。古代竖炉冶炼负荷很轻，矿石少、颗粒小，在燃料层中的穿越现象显著。本书第六章的竖炉冶铁试验和解剖结果显示炉体上部没有显著的焦窗现象；中部的软熔带、下部滴落带的情形接近现代高炉。由于受风口、炉型等影响，各层带形状有所不同。

　　我们的研究路线是先测算鼓风、装料等制度参数的合理范围，建立均等透气性条件下的三维气流场模型，对全炉气流场进行模拟，总观全炉流场的整体特征，并分析炉型对炉体下部一次煤气分布的影响；再对炉内层带分布进行合理推测，建立二维气流场精细模型，模拟在各层带不同透气性条件下的气流场，对炉体中上部及整体气流场进行分析，全面探讨炉型对冶炼的影响。

　　本书用 Gambit 建立古代炉型二维、三维网格模型，用 Fluent 软件进行数值模拟，将进风口设置为速度入口（velocity-inlet），炉口设置为压力出口（pressure-outlet），将其炉内各区域视为透气性不同的多孔介质。模拟步骤及各边界条件推算方法如下。

二、速度入口风速计算

　　进风口边界条件可以采用压力入口或速度入口两种边界条件，但炉内风量需求可以根据现代调查资料、古代生产工艺以及竖炉炉容作合理推导，比依靠鼓风器推算鼓风压强更有依据，因此本模拟将风口设为速度入口。

　　速度入口需要设置风速和风温，风速根据风量（进入炉内的有效值，下同）和风口面积计算。风口面积以考古发现实测数据和合理复原为依据。风温均设为 300K。根据现代炼铁理论，鼓风量可根据炉容、冶炼强度及燃料耗风量计算，其大小与燃料负荷、煤气过剩程度和热能利用率等工艺水平有关。风量大小有一个合理区间，过小会造成冷炉、还原不足等故障，过大会引起炉内液泛或流态化现象。

　　风量（标准状态下）其计算公式如下：

$$Q = \frac{V \times I \times v}{1440} \tag{5-1}$$

式中，Q 为风量；V 为炉容；I 为冶炼强度；v 为每吨燃料的耗风量，与燃料灰分和鼓风湿度有关。

　　关于炉内供风，生产中常用的参数是单位炉容风量（单位体积炉容每分钟鼓入风的体积，单位 m³/min）。根据现代生产经验，在平原地区的大气压和含氧量条件下，对于采用烧结矿、焦炭、热风冶炼的现代大容量高炉，采用喷煤工艺，热能利用效率也较高，使得冶炼强度较低，0.6—1.1t[焦]/（m³·d）；吨焦耗风量较小，约2360m³；单位炉容风量2.4—2.6m³/min。使用100%原矿的小容量高炉冶炼强度较高，为1.3—1.8t[焦]/（m³·d），吨焦耗风量较高，约2800m³，单位炉容风量为3.0—3.5m³/min。

对于古代冶铁竖炉，考古调查和复原只能得到炉容和风口面积，其他冶炼工艺参数和生产指标需要进一步考察。本书以两处使用传统冶铁工艺进行竖炉冶铁的调查资料为依据，推算其冶炼工艺的参数和生产指标。

（一）20世纪80年代阳城传统犁炉冶铁工艺考察与参数推算

李达等人调查，华觉明整理了沿用到20世纪80年代的阳城传统犁炉冶铁工艺资料（李达，2003）。该类竖炉使用木炭（栎科櫪木烧制，不烧透，保持"三茬七炭"）、冷风、原矿冶炼生铁，生产数据和指标如下：

炉容：V=1.80m³（据炉型尺寸推算）；

风量：Q=7.60m³/min（原文数据）；

则，单位炉容风量：Q'=4.22m³/min；

冶炼强度$I_阳$=140kg/h×24h/d÷1.8m³=1.87t[木炭]/（m³·d）（据原文数据演算）；

则，木炭耗风量3260m³/t；

此外，风压：$P_阳$=2000Pa（原文数据）；

吨铁消耗燃料4.67t（据焦炭负荷数据估算）；

生铁产量：0.671t/d（依据同上）；

有效容积利用系数为：ηV=0.373t[铁]/（m³·d）（依据同上）。

（二）20世纪50年代云南罗次县果园村传统竖炉炼铁厂工艺参数考察与推算

黄展岳、王代之在20世纪50年代对云南罗次县果园村传统竖炉炼铁厂的生产状况做了调查（黄展岳和王代之，1962）。该厂使用原矿、冷风，燃料为木柴与木炭10∶1混合配制，从该文献中可直接引用的工艺参数和指标数据较少，笔者做如下推算：

炉高6m，炉容约9.0m³（据炉型尺寸计算）。

该厂使用木质圆筒形封装双作用活塞式鼓风器，长2m，直径0.7m，设壁厚

0.05m；4人操作，合力约1000N，每分钟抽拉30—38下，计34下，由于是双作用鼓风器，一次抽拉完成两次鼓风；

则，总风量：Q=36.51m³/min，单位炉容风量：Q′=4.06m³/min；

该炉最佳状态下24h出铁1400kg，以矿料和燃料比为120∶330计算，假设还原出的铁占矿石重量的40%，则冶炼强度：I=1.069t［柴炭］/（m³·d）。

故，每吨燃料耗风量5469m³/t。

此外，吨铁消耗燃料6t；

有效容积利用系数：ηV=0.156t［铁］/（m³·d）。

根据合力和活塞板直径，计算鼓风器内风压P=3539Pa，考虑活塞与风箱内壁的摩擦阻力，风口风压计为$P_{\overline{\text{云}}}$=3500Pa。

古代竖炉实际风量首先取决于炉容和鼓风能力。根据前面的调查、复原和研究，古代竖炉的炉容多数为2—20m³；鼓风器使用过皮囊、木扇和风箱，驱动力有人力、畜力和水力。一般情况下，小型竖炉的鼓风需求基本可以保障；中型和大型竖炉在不同时代鼓风需求被满足的程度不一，需要分别讨论。

在鼓风需求被满足的前提下，古代为了提高有效容积利用系数，一般会增加单位炉容风量，提高冶炼强度。古代木炭烧成状况目前没有考古资料，但控制木炭烧焦程度的方法并不难，古人很容易摸索、掌握；中大型竖炉需要木炭有较高的耐碎和耐压强度，可能不将其完全烧焦，致使挥发分高，风量需求高。而小型竖炉木炭强度要求较低，挥发分比例也低，对风量需求正常。

三、计算风口前空腔区尺寸

现代冶炼中，焦炭在风口前的燃烧带有两种状态。一种是类似炉箅上炭的燃烧，炭块是静止的，这在小容积及冶炼强度低的高炉上可以看到；另一种是焦炭在剧烈的旋转中与氧反应而气化，这在强化冶炼的中小型高炉和大型高炉上出现。当鼓风动能达到一定值时，由于风压托举和燃烧消耗，在风口前形成一个疏松、接近梨形的空腔，即风口回旋区。焦炭在高速热风作用下边做回旋运动边燃烧。根据高炉炼铁理论和实践，风口回旋区的尺寸和形状对软熔带以下煤气一次分布和炉料下行有重要影响，进而影响软熔带的形状及煤气二次分布。合理的回旋区形状是炉况顺行的基础。

现代钢铁冶金研究者认为回旋区大小和形状受鼓风动能、风口形状、燃料性能、上部炉料等影响。现代理论认为，热状态均匀合理的鼓风动能值应该由炉缸直径决定，不同容积的高炉合理鼓风动能有一些经验公式，过大或过小都会产生副作用（王筱留，2013：157）。不同鼓风动能条件下的风口回旋区形状及燃料循环特征如图5-5所示。

古代竖炉冶铁大都属于强化冶炼，采用单风口鼓风，鼓风动能并不会太低。古代使用木炭冶铁，密度小于焦炭，冶炼负荷较轻，整体炉料密度较小，其炉体高度也不及现代高炉，所以风口前的压力不会太高；实际冶炼中如果风口前木炭堆积严重，鼓风难度增加，冶炼工人会随时用铁棍捅开风口前的木炭。

我们认为古代竖炉风口前燃烧带也存在一个空腔，但由于鼓风动能不及现代大中型高炉，回旋的现象不会很明显，空腔的形状类似于图5-5（b）或（f）的情形。这一点在山西阳城开展的竖炉冶铁模拟试验已经得到了验证（见本书第六章第五节，在本书第七章第二节中也对此进行了模拟和对比分析）。

风口回旋区大小的计算模型历来为炼铁研究者所重视。自20世纪50年代开始，有不少研究者总结了风口回旋区的深度和宽度的经验公式或计算模型；其中，风口回旋区的深度大都与鼓风动能成一次线性关系（赵欣，2009）。

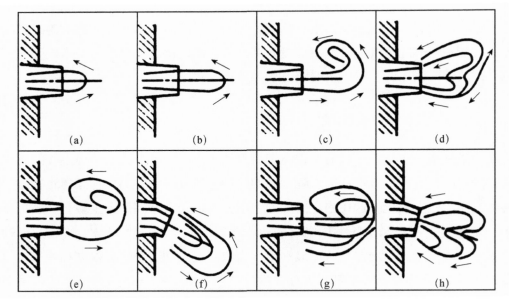

图5-5 不同鼓风动能条件下的风口回旋区形状及燃料循环特征
图（a）、（b）鼓风动能过小，图（c）、（e）、（f）鼓风动能正常，图（d）、（g）、（h）鼓风动能过大
资料来源：Rajneesh et al.，2004

例如，大型高炉风口回旋区深度计算公式常用苏联学者舒米洛夫等提出的经验公式（Rajneesh et al.，2004）：

$$L_R=1.18\times10^{-4}E+0.77 \tag{5-2}$$

式中，E 为鼓风动能，单位为 kg·m/s。

再例如，重庆大学曾对昆钢2000m³高炉风口回旋区的大小总结过一个半经验公式（曾华锋，2007）：

$$L_R=0.88+0.0029E-0.0176M/n \tag{5-3}$$

式中，E 为鼓风动能，单位为 kg·m/s；M 为煤比；n 为风口数目。

这些公式虽不一定适用于小型高炉风口回旋区计算，但表明在一定范围内，风口回旋区的深度与鼓风动能的关系可以用一次线性关系来描述。

我们以此为参考，通过以下两个现代小型高炉的解剖结果及生产条件，推算回旋区或空腔深度与鼓风动能的一次线性拟合公式。

（1）20世纪70年代末首都钢铁公司（简称首钢）23m³小风量高炉解剖数据（朱嘉禾，1982；高润芝和朱景康，1982）。

风口直径100mm，风口数4个，风压2700Pa，风量92m³/min（原文未给出风量值，笔者根据容量推算），风温857℃；风口深度 L_{Ra}=0.58（图5-6、图5-7）。

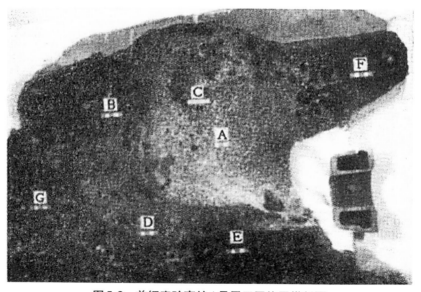

图5-6　首钢实验高炉1号风口回旋区纵剖面
资料来源：高润芝和朱景康，1982

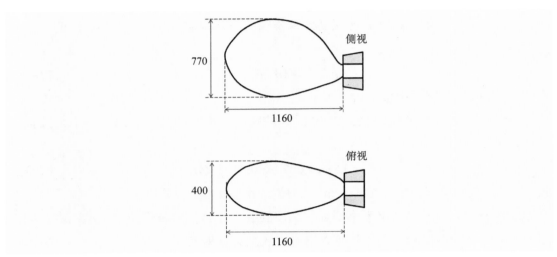

图5-7 首钢实验高炉1号风口回旋区尺寸
资料来源：黄兴据照片绘

根据鼓风动能 E 计算公式（王筱留，2013：157）：

$$E = \frac{1}{2}mv^2 = \frac{1}{2} \times \frac{\rho_0 Q_0}{60gn}\left(\frac{Q_0}{60nf} \times \frac{273+t}{273} \times \frac{1}{p}\right)^2 \qquad (5\text{-}4)$$

式中，Q_0 为鼓风量，单位为 m^3/s；m 为每个风口前鼓风质量，单位为 kg；v 为每个风口前鼓风速度，单位为 m/s；ρ_0 为标准状态下风的密度，单位为 $1.293kg/m^3$；g 为重力加速度，单位为 $9.81m/s^2$；n 为风口数目，单位为个；f 为单个风口截面积，单位为 m^2；t 为热风温度，单位为℃；p 为热风压力，单位为 atm（绝对大气压）。

则，$E_a = 952.02kg \cdot m/s$。

（2）20世纪80年代攀枝花钢铁公司（简称攀钢）$0.8m^3$ 小风量高炉解剖数据（吴志华和安立国，1983）。

风口直径 0.03m，风口数 3 个，风压 1420mmPa，总风量 $5.3m^3/min$，风温 840℃；风口深度 L_{Rb}=220mm（图5-8、图5-9），鼓风动能 E_b=52.68kg $\cdot$ m/s。

由于鼓风动能相对较小，风口回旋区的形状接近梨形，回旋的现象不太明显。这正好符合了古代冶铁风口前空腔形状。对这两组小型高炉的 L_D 与 E 数据进行线性拟合，设

$$L_R = a \cdot E + b$$

则

$$L_R = 0.0004E + 0.1988 \qquad (5\text{-}5)$$

图 5-8　攀钢 0.8m³ 高炉 2、3 号风口回旋区（左 2 号，中 3 号）

资料来源：吴志华和安立国，1983

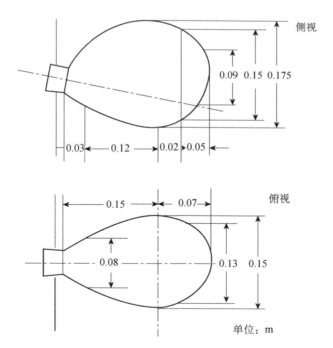

单位：m

图 5-9　攀钢 0.8m³ 高炉 3 号风口回旋区尺寸

资料来源：吴志华和安立国，1983

对于其他小容量高炉，鼓风动能在52.68—952.02kg·m/s附近，使用拟合公式预测结果 L_R 会比较接近实际。远小于此范围时，L_R 会偏大；远大于此范围时，L_R 会偏小；都需要进行适当修正。

风口前空腔的高度和宽度，与其炭粒形状系数、密度、风口形状等量关系密切，计算比较复杂，我们不再深推，都将其统一视作与图5-5相近的椭球状，根据 L_R 确定其尺寸。

这一公式在本书开展的古代竖炉冶铁模拟试验中也得到了验证，详情见第六章。

四、多孔介质透气性参数计算

在已有研究中，炉内各层带常被认为透气性不同的多孔介质（Tabor et al., 2005；朱清天和程树森，2008）。本模拟中，将固体炉料区、软熔区焦窗、疏松焦炭区设为透气性较好的多孔介质；压实焦炭区设为透气性较差的多孔介质；软熔区的软熔层、渣铁储存区视为不透气的多孔介质。

多孔介质模型动量方程具有附加的源项，源项由两部分组成（Fluent Inc., 2006）：

$$S_i = \sum_{j=1}^{3} D_{ij}\mu v_j + \sum_{j=1}^{3} C_{ij} \frac{1}{2}\rho \,|\, v_j \,|+ v_j \tag{5-6}$$

考虑模拟充满介质的流动。在湍流流动中，充满介质的流动用渗透性和内部损失系数来模拟。推导适当常数的方法包括了气固两相流动的Ergun方程的使用，对于在很大范围雷诺数内和许多类型的充满形式，有一个半经验的关系式：

$$\nabla_P = \frac{150\mu}{D_P^2}\frac{(1-\varepsilon)^2}{\varepsilon^3}v + \frac{1.75\rho(1-\varepsilon)}{D_P \varepsilon^3}Vv \tag{5-7}$$

当模拟充满介质的层流流动时，上面方程中的第二项可能是个小量，从而得到Blake-Kozeny方程：

$$\nabla_P = \frac{150\mu}{D_P^2}\frac{(1-\varepsilon)^2}{\varepsilon^3}v \tag{5-8}$$

式中，D_P 为平均粒子直径，单位为m；ε 为空隙所占的分数（即空间的体积除以总体积）。

则每一方向上的渗透性系数 α 和内部损失系数 C_2 定义为

$$\alpha = \frac{D_P^2}{150}\frac{\varepsilon^3}{(1-\varepsilon)^2} \tag{5-9}$$

$$C_2 = \frac{3.5}{D_P} \frac{(1-\varepsilon)}{\varepsilon^3} \qquad (5\text{-}10)$$

Fluent软件中需要用这两个数值来计算气流在多孔介质中流动时受到的阻力。

现代高炉模拟中根据焦炭、矿石 D_P 实测值和 ε 经验值数据推算多孔介质透气性参数（朱清天和程树森，2008）。本模拟中，D_P 可根据考古调查发现的木炭印迹确定。ε 做如下推算：不同大小颗粒混合堆积，小颗粒会占据大颗粒之间的空间，降低空隙度。以二元粒度混合为例，空隙度变化如图5-10所示。

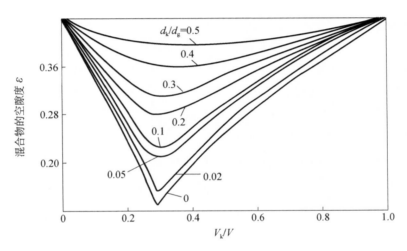

图5-10　二元粒度混合时的空隙度变化

d_k：细颗粒级别的折算粒径；d_g：粗颗粒级别的折算粒径；V_k：细粒级量；V：总量

资料来源：拉姆，1987：113

固体炉料区和疏松焦炭区透气性计算如下：由于古代冶炼负荷较低，矿石颗粒较小，矿层厚度远小于炭层厚度。在本区域将矿层与炭层视为一体，计算其整体空隙度。根据各遗址考古调查测量的木炭印迹将木炭视为圆柱形，假设木炭堆积空隙度各向同性，在某一方向上，炉料有直径和高度两种尺度，据其比值计算空隙度。古代竖炉冶炼负荷较低，批料矿石、助熔剂体积之和与木炭体积比约1：49，渣铁熔化后填充缝隙，将空隙率进一步减小约2%。

压实焦炭区透气性较差，主要是空隙度显著降低。现代高炉模拟中将其简化为不透气状态（朱清天和程树森，2008）。在实际冶炼中，特别是古代竖炉冶铁，对古代炉缸部位的透气性有一定要求，从而可以打开铁口活跃炉缸。在本书的模拟中，将压实焦炭区的空隙度设为固体炉料区的0.5倍，焦炭尺寸与固体炉料区相同。

软熔区的矿石层软化形成软熔层，其透气性只有矿石层的0.2—0.25倍、木炭层的0.015—0.019倍（王筱留，2013：176），炭层形成煤气窗口，气流的纵向阻碍增大，只能沿窗口横向发展，窗口的透气性可视为与固体炉料区相同。

渣铁储存区的高度随出渣出铁不断变化，其内部可视为不透气状态。

五、软熔带的划定

依据现代炼铁学理论及实践（王筱留，2013：186），软熔带的形状决定了高炉煤气中下部分布，因而在一定程度上可认为软熔带决定了高炉炉内温度场的分布，它的形状与位置对高炉冶炼过程产生明显的影响，如矿石的预还原、生铁含硅、煤气利用、炉缸温度与活跃程度以及对炉衬的维护等。

根据高炉解剖研究及矿石的软熔特性，软熔带的形状主要是受装料制度的上部调剂与送风制度的下部调剂共同影响，以前者为主，并与炉内等温线、CO_2分布相适应。对正装比例为主的高炉，一般都是接近倒V形软熔带；对倒装为主或全倒装的高炉，基本上属V形软熔带；对正、倒装各占一定比例的高炉，一般接近W形软熔带（图5-11）。

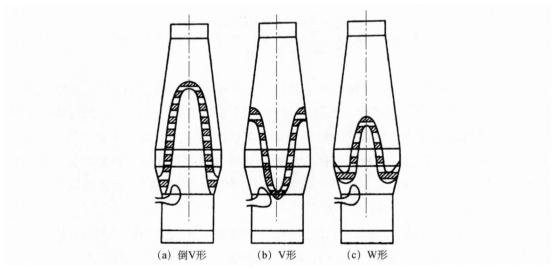

(a) 倒V形　　　　(b) V形　　　　(c) W形

图5-11　现代高炉软熔带的三种类型

资料来源：王筱留，2013：186

软熔带形状与位置的控制应充分考虑自身原料水平。一般而言，当原料水平高时可采用煤气利用好的倒 V 形软熔带，当原料水平有所下降时可采用 W 形软熔带，当原料水平较差其至无法维持高炉顺行时可采用 V 形软熔带。一般情况下，倒 V 形被认为是最佳软熔带形状。

软熔带高，说明炉内温度也高，属高产型，一般利用系数较高；软熔带较矮则属低焦化型，燃料比相对较低。当软熔带较厚时，煤气压力增大，这不仅由于块状带的体积因软熔带变宽而缩小，而且也因软熔带焦炭夹层长度相对增加所致。当软熔带减薄时，煤气压力减小。一般来说，软熔带越薄，焦炭夹层的层数越多，夹层越厚，空隙率越大，则软熔带透气性越好。

古代竖炉由于风口位置、高度与现代高炉不同，下部调剂作用与现代高炉有较大差异，可能会形成有别于此三者的特殊形状软熔带。我们依据均等透气性条件下的下部气流分布，结合考古炉址上可作为参考的遗迹现象来推测古代竖炉软熔带的位置；根据炉容、鼓风能力，推测软熔带的高度及厚度。

六、压力出口的设定

Fluent 软件中，压力出口边界条件需给定流动出口边界上的静压。本模拟中，炉顶气流直接排到大气中，炉口可以设为压力出口，静压 $P_顶$ 为 0（相对气压）。

七、"中间值+极限值"组合模拟方法

古代配料、鼓风等质量控制水平远低于现代高炉生产；竖炉冶铁过程也有一定变化，并非单一状态。通过考古调查和分析所得到的边界条件不精确，部分参数没有直接数据，只能进行估算。这使得模拟结果并不能精确反映实际情况。这是技术史仿真研究所面临的实际困难。

对此，我们设计了"中间值+极限值"的组合模拟方法。对于每项边界条件先计算其最合理的边界条件值，以此作为中间值。再向两侧拓展，在合理的范围内推算出极小值和极大值。把极小、中间和极大值的各种边界条件分别组合起来，进行三次模拟。将中间值对应的模拟结果视为最大概率或正常运行时的炉况；极小、极大值对应的模拟结果视为极端情况下的炉况。对不同模拟结果进行比较，揭示出炉型对冶炼的影响，从而得到了可信的结果。本书研究表明这种方法是技术史仿真研究的可行方式。

第二节　西平酒店炉气流场数值模拟

西平酒店战国竖炉是 A 型竖炉的典型代表。其主要特征是炉缸直径明显小于炉腹直径，有一个鼓风口，位于炉缸中部，正对炉门，气流水平鼓入。从经验看，炉型控制煤气一次分布的主要特征是使气流更加容易进入炉心，同时加强炉门区域供风，防止炉门冻结。对软熔带高低、形状也产生影响，但这又受到炉料性质、温度分布等各种因素影响。所以，本数值模拟要解决的主要问题是煤气一次分布实现情况如何。再利用模拟结果，分析单口鼓风对软熔带有什么影响，是否会造成炉腹以上气流偏行等。

一、计算边界条件

（一）多孔介质透气性参数计算

固体炉料区及滴落带等透气性较好区域的多孔介质透气性参数可做如下推算。

根据遗址考察发现炉壁上木炭印迹判断木炭为圆柱形，高度约 0.05m，直径约 0.025m（图 5-12）。假设木炭堆积空隙度各向同性，在某一方向上，炉料有 0.025m、0.050m 两种尺度，小块与大块尺寸比值为 0.5，对应空隙度约 0.38。古代竖炉冶炼负荷较低，批料矿石、助熔剂体积之和与木炭体积比约 1 : 49，渣铁熔化后填充缝隙，空隙率减小到 0.36。

图 5-12　西平酒店炉内侧的木炭痕迹

资料来源：黄兴摄

将空隙度最小值设为 ε_A=0.30，其对应的粒径为最小粒径 0.025m；最大值设为 ε_C=0.42，对应的粒径为最大粒径 0.05m；两者的平均值 ε_B=0.36，对应粒径 0.0357m 视作最可能状态 B。三种状态下的 α 与 C_2 值见表 5-2。

（二）速度入口风速计算

对于西平酒店炉模拟，根据第四章第一节的复原，西平酒店竖炉炉容为 7.8m³，炉高 4.2m，属于古代中型竖炉。该炉炉容较大，风量可能会受到鼓风能力限制，需对鼓风性能进行讨论。

西平酒店炉冶铁时代处于战国后期，使用皮囊鼓风，效率比不上木质封装双作用活塞式鼓风器。如果使用大型皮囊多人鼓风，皮革强度又比不上木质箱壁，风压存在上限，其性能也无法达到木质封装活塞式鼓风器的水平，成为风量计算的限制性条件。

该炉的冶炼强度没有直接依据，木炭可能没有完全烧焦，但在本模拟中不需要专门计算。

结合以上分析，西平酒店炉冶铁模拟风量以皮囊鼓风性能为依据进行估算，设其使用的皮囊鼓风总量为云南罗次县果园村双作用活塞式鼓风器的 0.6—0.8 倍，即 21.9—29.2m³/min。根据复原方案，风口数 1 个，风口面积依据最内侧扩口计算，直径 0.1m，则 S=0.00785m²。将最低、中间和最高风速分别设为 A、B、C 状态，即 v_A=46.5m/s，v_B=54.2m/s，v_C=62.0m/s。

（三）风口前空腔尺寸计算

古代尚未利用热风冶铁，将风温设为 300K，即 t=27℃。鼓风压力估算为 0.02atm，风口前空腔深度风速和根据式 5-5 计算，结果见表 5-2。

（四）压力出口设定

Fluent 软件中，压力出口边界条件给定流动出口边界上的静压。本模拟中，炉顶气流直接排到大气中，炉口可以设为压力出口，静压 $P_顶$ 为 0（相对气压）。

综上，本模拟所需的各项边界条件如表 5-2 所示。

表5-2 西平酒店炉流场数值模拟边界条件总表

状态	D_P（m）	ε	$1/\alpha$	C_2	v（m/s）	L_R（m）	$P_顶$（Pa）
A	0.025	0.300	4.356 e⁶	3.630 e³	46.5	0.222	0
B	0.0375	0.350	9.364 e⁵	1.280 e³	54.2	0.236	0
C	0.050	0.420	2.724 e⁵	5.480 e²	62.0	0.253	0

二、数值模拟与结果分析

（一）均等透气性条件下全炉流场三维模拟

根据第四章第一节的复原建立炉体模型，设为多孔介质；依据表5-2建立风口前空腔模型（图5-13），设为空区，对气流没有阻碍。其他边界条件依据表5-2数据设立，采用多重参考系（multi-reference frame，MRF）进行耦合，压力速度离散采用Sample算法和k-ε湍流模型。迭代结果残差小于10^{-3}。

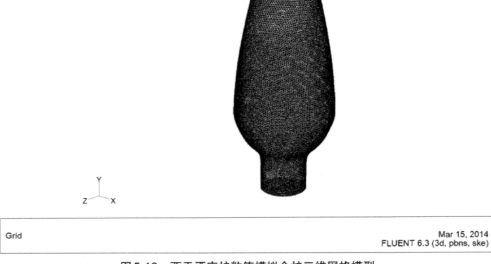

<table>
<tr><td>Grid</td><td align="right">Mar 15, 2014
FLUENT 6.3 (3d, pbns, ske)</td></tr>
</table>

图5-13　西平酒店炉数值模拟全炉三维网格模型
资料来源：黄兴模拟（本书中数值模拟均由黄兴完成）

用速度流线图的方式显示气流轨迹。炉内大部分区域气体流速远低于风口部位，使得全值域图炉内大部分区域的流速难以区分。对此，我们设置显示部分风速值，提高炉内流场速度区别度，结果如图5-14—图5-16所示。

对全炉均等透气性条件下的三种状态流线图（图5-14—图5-16）进行比较，可以看到炉内气体走向和速度阶梯分布等流场特征基本一致，差别在于速度大小。结合边界条件的推算方式，可以认为，本节的A—C状态组合模拟结果涵盖了西平酒店炉正常冶炼下炉内煤气一次分布状况。在较广的鼓风、透气和风口前空腔等条件变化范围内，这种炉型都可以保证炉心供风，实现煤气均匀发展，有效避免炉料偏行。

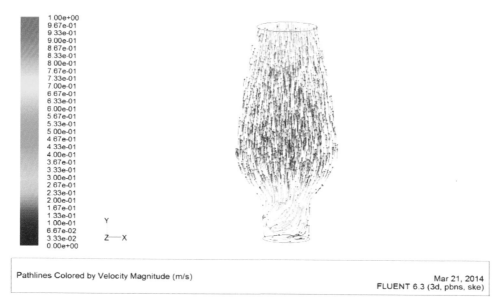

图5-14　西平酒店炉A状态气流场速度流线图（≤1.0m/s）

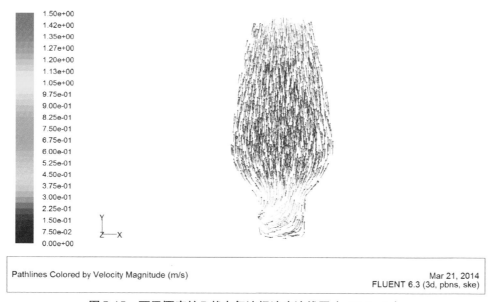

图5-15　西平酒店炉B状态气流场速度流线图（≤1.5m/s）

从全压等值面图、流速等值面图（图5-17、图5-18）可见单风口鼓风造成炉门一侧炉缸底部供风不足，但这对冶炼并没有实质性影响。因为该区域主要作用是盛放液态渣铁，不是还原反应的发生区。一方面，渣铁传热可以维持此处高温；另一方面，实际冶炼时可以适当敞开渣铁口，放出火焰，为炉门加温。

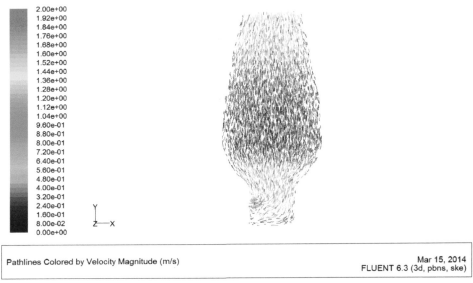

图5-16　西平酒店炉C状态气流场速度流线图（≤2.0m/s）

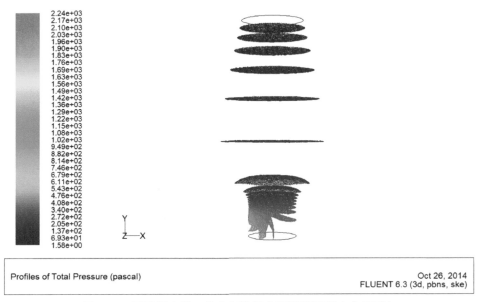

图5-17　西平酒店炉B状态气流场全压等值面图（全值域）

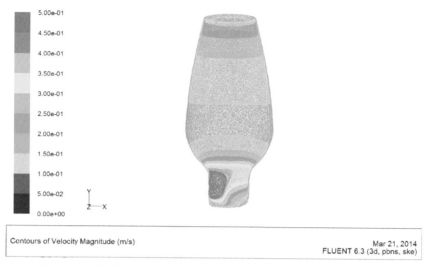

图5-18 西平酒店炉B状态气流场流速等值面剖面图（≤0.5m/s）

由于采用单风口鼓风，风口—炉门方向风力较强，这造成该方向温度较高，两侧风量较弱，温度较低。这一点从遗址现状也可得到印证（图5-19）：风口上方供风充足，温度较高，炉腹内壁侵蚀较为严重，表面较为平滑，木炭印迹不明显；两侧温度较低，挂渣层较厚。在其他单风口正对炉门鼓风的竖炉中以及后文的冶铁模拟试验中都存在这种现象。

图5-19 西平酒店炉炉缸渣铁线痕迹
资料来源：黄兴摄/绘

（二）软熔带整流后的全炉流场二维模拟

为了探讨炉体上部的气流场分布，接下来以风口—炉门连线所在纵剖面为例，建立二维模拟，参考B状态的流线图探讨和划分炉内层带分布。

从流线图（图5-15）观察，炉缸部位气流顺利发展，在炉缸的导引下很容易进入炉体中心部位。炉缸以上风口一侧气流速度略快，但与炉门一侧差别不大。炉腹、炉腰、炉身乃至炉口都存在这种趋势。其软熔带的形状应该是单峰形，略微偏向风口一方。

软熔带的厚度、高度、形状与矿料性质、鼓风制度、冶炼强度等诸多因素明确相关。由于炉体损坏，现存炉壁上看不到软熔带的痕迹，但可做如下推测：现代高炉采用多风口对称鼓风，炉心部位风力叠加，形成了较陡的软熔带分布；西平酒店炉采用单风口鼓风，炉心不会形成风力叠加，因此软熔带较为平缓。由于鼓风条件所限，西平酒店炉强化冶炼程度不会很高，所以软熔带位置比较适中，约处于全炉高的1/3处。皮囊鼓风风压有限，软熔带厚度不会也不能太厚，会较为适中。

死料层和渣线的高度可从遗址现状找到线索（图5-19）。炉缸底沿的灰黑色环痕迹是由炉缸死铁层形成的。炉缸壁风口下沿的侵蚀环是存渣的最高面。

综合以上分析，将炉内空间做如下分区（图5-20、图5-21），并用Gambit软件建立二维模型。按照前述方法及表5-2中B状态参数设定各区域的透气型参数，进行模拟。结果如图5-22—图5-24所示。

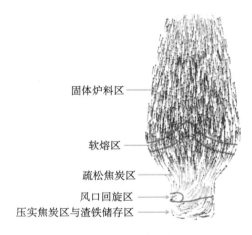

固体炉料区

软熔区

疏松焦炭区

风口回旋区

压实焦炭区与渣铁储存区

图5-20　西平酒店炉内层带划分示例

Grid

May 09, 2014
FLUENT 6.3 (2d, pbns, ske)

图 5-21　西平酒店炉内层带二维网格模型

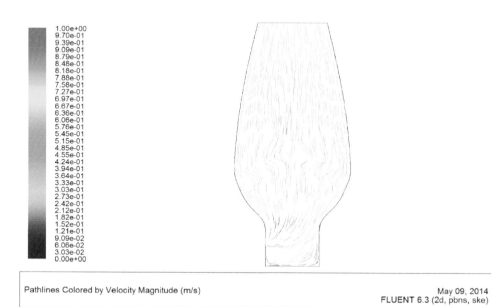

Pathlines Colored by Velocity Magnitude (m/s)

May 09, 2014
FLUENT 6.3 (2d, pbns, ske)

图 5-22　西平酒店炉 B 状态速度流线图（二维，全值域）

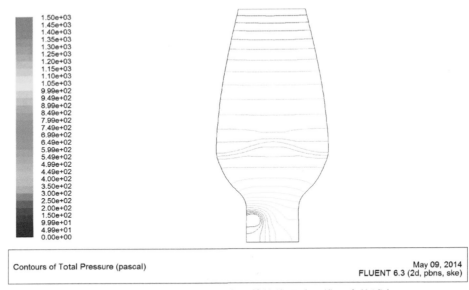

Contours of Total Pressure (pascal)

May 09, 2014
FLUENT 6.3 (2d, pbns, ske)

图5-23　西平酒店炉B状态全压等值线图（二维，全值域）

Contours of Velocity Magnitude (m/s)

May 09, 2014
FLUENT 6.3 (2d, pbns, ske)

图5-24　西平酒店炉B状态速度等值线图（二维，全值域）

从划分层带后的速度流线图（图5-22）、全压等值线图（图5-23）及速度等值线图（图5-24）可以进一步发现，炉缸鼓风造成了软熔带中心对称分布，这一结果进一步调整了煤气二次分布，使得炉体上部煤气分布更加沿中心对称发展，炉料可以均匀下降，冶炼平稳运行。

细炉缸设计与单风口鼓风风量有限也有很大关系。根据现代高炉设计，炉缸直径与冶炼强度、高炉有效容积及炉缸截面燃烧强度有关。西平酒店炉的细炉缸结构也体现了这种关系。

西平境内有多处冶铁遗址，铁矿资源非常丰富，在先秦时期是韩国和楚国重要的冶铁中心。西平酒店炉采用炉缸鼓风、细炉缸结构，与近代西方冶铁炉炉型接近，现代高炉炉型也源于此，是一种先进的炉型设计。与其他类型的炉腹鼓风相比，炉缸鼓风由于风口至炉顶高度差较大，对鼓风风压要求较高。以西平酒店炉为代表的 A 型竖炉在古代后世再未见到，可能与此有一定关系。

第三节　郑州古荥 1 号炉气流场数值模拟

古荥汉代 1 号炉属于 B 型炉。该类竖炉的主要特征是炉容较大，水平截面为椭圆形，在炉腹部位沿短径方向安装多个风口，风口对称分布。从经验来看，其设计目的是提高风量，并加强炉心供风，此设计最终实现程度如何，对称鼓风对炉型流场有何影响，本节以古荥汉代冶铁炉为例，对这些问题进行模拟分析。

一、计算边界条件

本节模拟方案需要预先计算的边界条件及其计算方法与本章第二节相同，过程如下。

（一）多孔介质透气性参数计算

发掘简报未提到木炭尺寸，现场炉基、残存炉壁上也没有木炭痕迹。笔者考察时在积铁块上发现了附着的木炭痕迹，尺度为 0.03—0.06m。B 状态下固体炉料区及滴落带等透气性较好区域的渗透性系数 α 与内部损失系数 C_2 可据此利用式 5-9、式 5-10 计算，三种状态下结果见表 5-3。

（二）速度入口风速计算

根据第四章第二节的复原，古荥 1 号炉炉高 5.5m，炉容 34.0m³，属于古代特大型竖炉。其炉容接近现代小型高炉，按单位炉容风量 3.0m³/min 计，该炉风量需求约 102m³/min。复原方案使用 4 个风口，每个风口风量 25.5m³/min，设其为 B 状态。设 A、C 状态风量分别为 0.8、1.2 倍，即每个风口风量 20.4m³/min、30.6m³/min。

古荥遗址时代为西汉中晚期至东汉，鼓风方式人力、水排都有可能。若为人力鼓风，参照云南果园村人均鼓风量约 9.1m³/min，阳城犁炉人均鼓风量约 7.6m³/min；再考虑到皮囊鼓风效率不及风箱，共需 12—16 人同时鼓风。

根据复原，风口直径约 0.19m，则三种状态下的速度入口风速见表 5-2。

（三）风口前空腔尺寸计算

风口前空腔深度的计算结果见表 5-3。其外形呈梨状，沿风道中心线倾斜向下。

（四）压力出口设定

炉顶气流直接排出，出口可以设为压力出口，压力 $P_顶$ 为 0（相对气压）。

综上，本模拟所需的各项边界条件如表 5-3 所示。

表 5-3　郑州古荥 1 号炉流场数值模拟边界条件总表

状态	D_P（m）	ε	$1/\alpha$	C_2	v（m/s）	L_R（m）	$P_顶$
A	0.030	0.300	$1.701e^6$	$2.269e^3$	12.01	0.200	0
B	0.045	0.360	$3.658e^5$	$8.002e^2$	15.01	0.202	0
C	0.060	0.420	$1.064e^5$	$3.425e^2$	18.02	0.204	0

二、数值模拟与结果分析

（一）均等透气性条件下全炉流场三维模拟

根据第四章第二节的复原建立炉体模型，设为多孔介质；依据表 5-3 建立风口前空腔模型，设为空区，对气流没有阻碍。为了保证气流倾斜向下鼓入，风口外保留了一小段风道模型（图 5-25）。其他边界条件依据表 5-3 数据设立，采用 MRF 进行耦合，压力速度离散采用 Sample 算法和 k-ε 湍流模型。迭代结果残差小于 10^{-3}，图形输出结果如图 5-26—图 5-28 所示。

对三种状态下流线图（图 5-26—图 5-28）进行比较，可以看到炉内气体走向和速度分布等流场特征基本一致，差别在于速度大小。结合边界条件的推算方式，可以认为，本节的 A—C 状态组合模拟结果涵盖了古荥 1 号炉正常冶炼下炉内煤气一次分布状况。

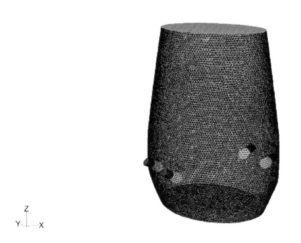

Grid

Mar 22, 2014
FLUENT 6.3 (3d, pbns, ske)

图5-25　古荥1号炉数值模拟全炉三维网格模型

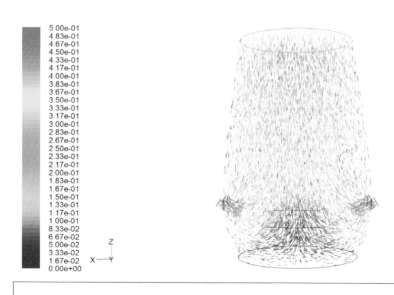

Pathlines Colored by Velocity Magnitude (m/s)

Mar 23, 2014
FLUENT 6.3 (3d, pbns, ske)

图5-26　古荥1号炉A状态气流场速度流线图（≤0.5m/s）

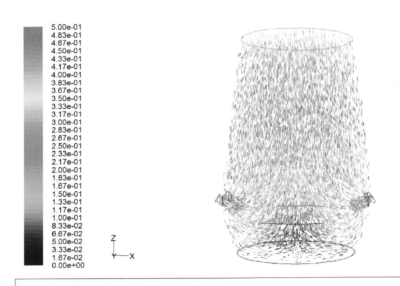

Pathlines Colored by Velocity Magnitude (m/s)

Mar 23, 2014
FLUENT 6.3 (3d, pbns, ske)

图5-27　古荥1号炉B状态气流场速度流线图（≤0.5m/s）

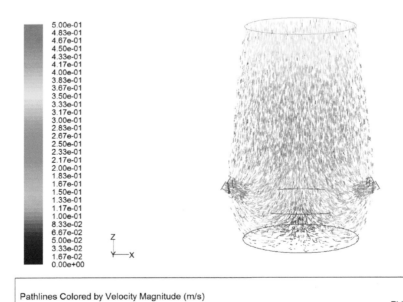

Pathlines Colored by Velocity Magnitude (m/s)

Mar 23, 2014
FLUENT 6.3 (3d, pbns, ske)

图5-28　古荥1号炉C状态气流场速度流线图（≤0.5m/s）

从 B 状态下流线图的侧视、俯视角度观察（图 5-29、图 5-30），多口对称鼓风使得炉体下部气流场也呈对称分布，气流在中心区域相遇，速度下降；之后向椭圆长轴两端流动。

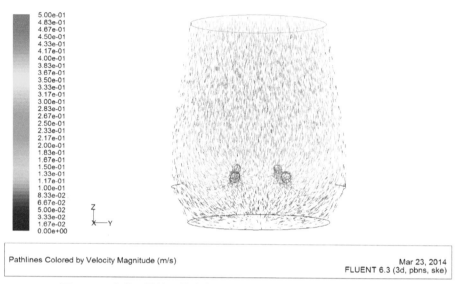

Pathlines Colored by Velocity Magnitude (m/s)

Mar 23, 2014
FLUENT 6.3 (3d, pbns, ske)

图 5-29　古荥 1 号炉 B 状态气流场速度流线侧视图（≤0.5m/s）

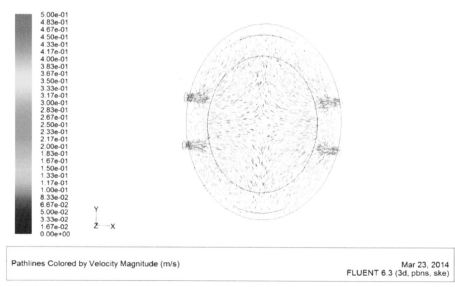

Pathlines Colored by Velocity Magnitude (m/s)

Mar 23, 2014
FLUENT 6.3 (3d, pbns, ske)

图 5-30　古荥 1 号炉 B 状态气流场速度流线俯视图（≤0.5m/s）

多风口对称鼓风会在炉缸部位形成低压、低速区（图5-31、图5-32），此区域内木炭消耗速度较慢，形成死料区，支撑上部炉料。

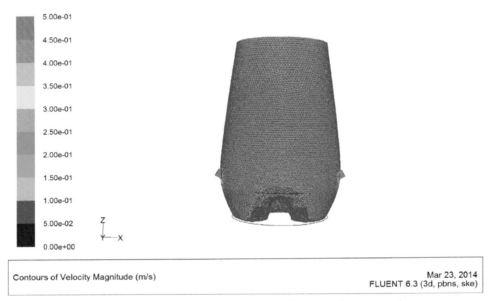

图5-31　古荥1号炉B状态气流场速度等值面图（≤0.5m/s）

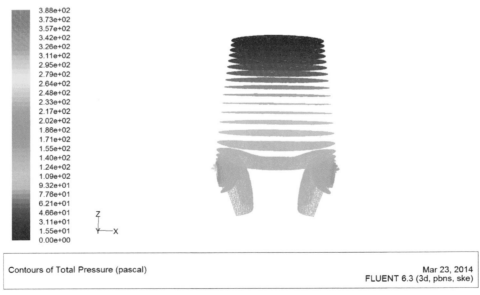

图5-32　古荥1号炉B状态气流场全压等值面图（≤388Pa）

（二）软熔带整流后的全炉流场二维模拟

以短轴所在纵剖面为例，根据B状态气流场速度流线图的气流走向对炉内层带进行划分。由于采用对称鼓风，软熔带也呈对称分布。如果风力足够，中心区域叠加风力大于四周风力，软熔带会呈倒V形（图5-33）；如果风力不够，中心区域叠加风力小于四周风力，软熔带可能呈M形（图5-37）；此外，由于炉容较大，冶炼强度不及现代小型高炉，软熔带高度和厚度均小于现代高炉。死料层的高度参考古荥遗址1号积铁厚度划定，多风口鼓风在炉缸部位形成低速区，此区域内木炭消耗速度较慢，形成死料柱，支撑上部炉料。[①]

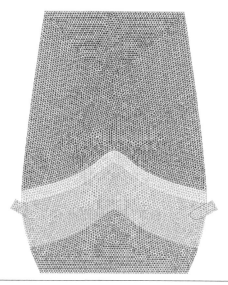

Grid	May 10, 2014
	FLUENT 6.3 (2d, pbns, ske)

图5-33　古荥1号炉内部层带二维网格模型（倒V形软熔带）

两种软熔带形状下的模拟结果如图5-34—图5-36、图5-38—图5-40所示。

---

① 遗址现场观察1号积铁上表面较为平整，无明显中心料柱，可能是积铁形成时与正常冶炼下情况不同，也可能该遗址采用单风口鼓风。本书暂以对称鼓风方案为例研究古荥遗址，待条件成熟再探讨单风口鼓风方案。

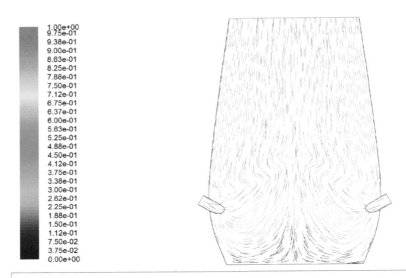

Pathlines Colored by Velocity Magnitude (m/s)

May 10, 2014
FLUENT 6.3 (2d, pbns, ske)

图5-34 古荥1号炉B状态气流场速度流线图（二维，倒V形软熔带，≤1m/s）

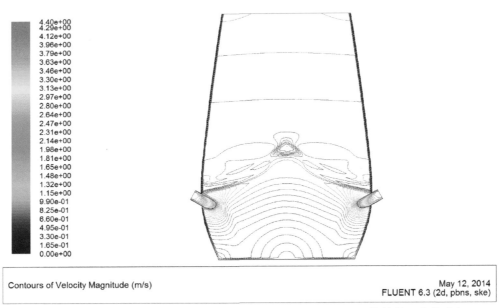

Contours of Velocity Magnitude (m/s)

May 12, 2014
FLUENT 6.3 (2d, pbns, ske)

图5-35 古荥1号炉B状态气流场速度等值线图（二维，倒V形软熔带，全值域）

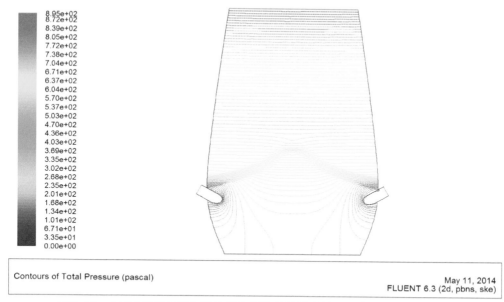

Contours of Total Pressure (pascal)

May 11, 2014
FLUENT 6.3 (2d, pbns, ske)

图5-36 古荥1号炉B状态气流场全压等值线图（倒V形软熔带，全值域）

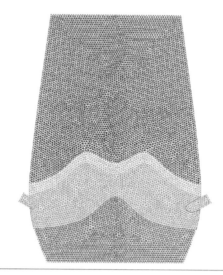

Grid

May 10, 2014
FLUENT 6.3 (2d, pbns, ske)

图5-37 古荥1号炉内部层带二维网格模型（M形软熔带）

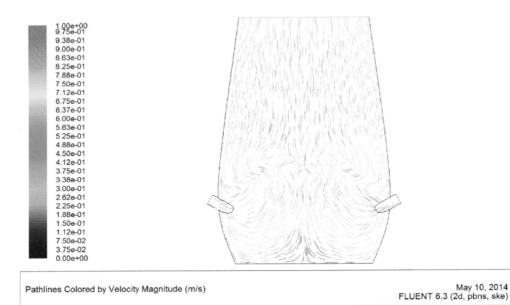

Pathlines Colored by Velocity Magnitude (m/s)

May 10, 2014
FLUENT 6.3 (2d, pbns, ske)

图5-38 古荥1号炉B状态气流场速度流线图（二维，M形软熔带，≤1m/s）

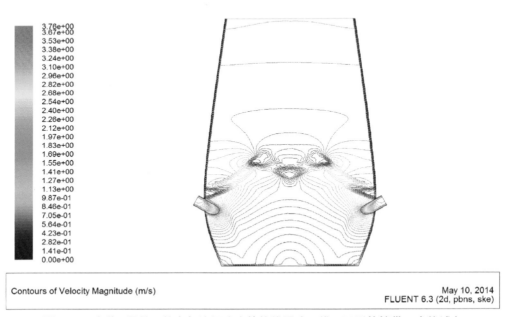

Contours of Velocity Magnitude (m/s)

May 10, 2014
FLUENT 6.3 (2d, pbns, ske)

图5-39 古荥1号炉B状态气流场速度等值线图（二维，M形软熔带，全值域）

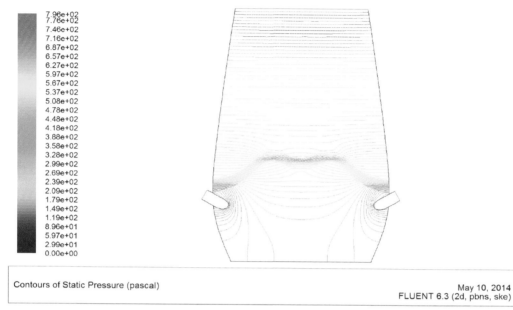

Contours of Static Pressure (pascal)

May 10, 2014
FLUENT 6.3 (2d, pbns, ske)

图5-40　古荥1号炉B状态气流场全压等值线图（二维，M形软熔带，全值域）

从模拟结果观察，椭圆式设计有助于增强炉心供风。如果鼓风能力足够，形成较为理想的倒V形软熔带，会进一步促进炉体上部煤气发展中心集中，克服增大炉容带来的中心部位供风不足的问题。如果鼓风能力不足，形成M形软熔带，汇聚煤气的能力就会减弱，导致炉体中上部中心部位煤气发展不够充分。但经过固体炉料层的进一步整流，炉体上部的煤气分布差别不大。古代条件下，竖炉运行中两种软熔带分布都有可能出现。

以上模拟结果成立的一个前提是各个风口供风能力相等，乃至同步鼓风，才能保证实际供风的对称性，预防炉料偏行和热震动。但这一点在实际冶炼中似乎很难保证，如果供风长时间相差较大，炉内煤气不会对称分布，必会发生故障。鼓风者位于炉体两旁，互相观察不到，这就需要默契配合或有统一指挥；如果采用水力或畜力作为原动力，用机械传动，也要考虑将各风口驱动装置联动起来，才较为理想。所以，多风口设计提高了鼓风操作的复杂性。

对称鼓风炉心形成死料柱，支持了上部炉料，这一点与西平酒店炉细缸设计使得风力直接进入炉心，依靠炉腹角支撑炉料的情况差别很大。相比之下，中心料柱的存在可以减轻炉腹角的炉料承重量，有利于延长炉龄。

第四节　武安矿山村炉气流场数值模拟

武安矿山村炉属于 D 型 Ⅲ 式炉，但从单个遗址年代来看，可能早于 D 型 Ⅰ 式延庆水泉沟 3 号炉及 D 型 Ⅱ 式焦作麦秸河炉。

该类竖炉的主要特征是炉体高大，炉腰部位内收，炉口呈敞开状，风口位于炉腹部位，斜向下鼓风。对于这种特大型炉，单风口鼓风需要多大风量、风压才能满足炉内鼓风需求，炉内气流走向如何，是否容易导致偏行，敞口式设计对炉内气流有何影响，本节以武安矿山村北宋炉为例，就这些问题进行数值模拟。

一、计算边界条件

本节模拟方案将进风口设置为速度入口，炉口设置为压力出口，炉内设置为多孔介质。需要预先计算的边界条件及其计算方法与本章第二节相同，过程如下。

（一）多孔介质透气性参数计算

根据调查，武安矿山村炉炉壁上木炭痕迹长约 0.06m，视为木炭柱的高度；宽约 0.03m，视为木炭柱的直径（图 5-41、图 5-42）。某一方向上视为 0.03m 与 0.06m 两种尺度的堆积，空隙度约 0.36，设其各向同性。可据此利用式 5-9、式 5-10 计算固体炉料区及滴落带等透气性较好区域的渗透性系数 α 与内部损失系数 C_2，视为 B 状态；据此设定 A、C 状态空隙率，结果见表 5-4。

（二）速度入口风速计算

根据第四章第六节的复原，武安矿山村炉高 6.3m，炉容 19.4m³，属于大型竖炉。该竖炉的鼓风情况有多种可能，需要进行讨论。

第一种可能，高强度冶炼，即单位炉容风量 4m³/min，总风量需 77.6m³/min，视为 C 状态。该炉时代属于北宋时期，当时已发明了木扇，鼓风性能与双作用活塞式风箱相当。若人工鼓风，根据云南果园鼓风器性能推算，此风量相当于 8 人同时鼓风，可能是采用水力鼓风。

第二种可能，从炉型看，该炉炉腰部位收缩明显，保温作用显著，可能只是在炉腹部位进行高强度冶炼。炉身以上呈敞开趋势，目的是支撑上部炉料，减轻炉缸压力，提高炉内透气性，并对炉料进行预热，这样对木炭韧性要求降低，可以将其烧得

图 5-41 武安矿山村炉炉腹左侧木炭痕迹

资料来源：潜伟摄

图 5-42 武安矿山村炉炉腹右侧木炭痕迹

资料来源：潜伟摄

比较透彻，挥发物成分降低，单位炉容耗风量降低。假设鼓风不足，则可设单位炉容风量2m³/min，总风量需38.8m³/min，视为A状态。这样4人鼓风可满足需求。

第三种可能就是前两种可能的平均值，即单位炉容风量3m³/min，总风量需58.2m³/min，视为B状态。可以配置6人鼓风，也可以使用水力鼓风。

该炉风口已经损坏，参照云南果园村竖炉风口面积（0.007 85m²）与炉容（9m³）的比例，将其风口面积假设为0.017m²，则三种状态速度入口风速见表5-4。

（三）风口前空腔尺寸计算

风口前空腔深度的计算结果见表5-4。风口为圆形，空腔接近梨形，其中心线沿风道方向，倾斜向下。

（四）压力出口设定

炉顶出口设为压力出口，古代竖炉煤气直接排到空气中，出口压力 $P_顶$ 可设为0（相对气压）。

综上，得到武安矿山村炉流场数值模拟各项边界条件（表5-4）：

表5-4　武安矿山村炉流场数值模拟边界条件总表

状态	D_P（m）	ε	$1/\alpha$	C_2	v（m/s）	L_R（m）	$P_顶$（Pa）
A	0.03	0.300	3.025 e⁶	3.025 e³	32.3	0.219	0
B	0.045	0.360	6.503 e⁵	1.067 e³	48.5	0.266	0
C	0.06	0.420	1.892 e⁵	4.567 e²	64.7	0.358	0

二、数值模拟与结果分析

（一）均等透气性条件下全炉流场三维模拟

根据第四章第六节的复原建立炉体模型，设为多孔介质；依据表5-4建立风口前空腔模型，设为空区，对气流没有阻碍。为保证气流倾斜向下鼓入，且以示与其他鼓风方式的区别，风口外保留了一小段风道模型（图5-43）。其他边界条件依据表5-4数据设立，采用MRF进行耦合，压力速度离散采用Sample算法和k-ε湍流模型。迭代结果残差小于10^{-3}。

由于三种状态下炉内气流速度差别较大，所以流线图显示值域设置有所不同（图5-44—图5-46）。比较后可以看到，炉内气体走向和速度阶梯分布等流场特征基本一致，差别在于速度。结合边界条件的推算方式，可以认为，在比较宽泛的鼓风量、炉

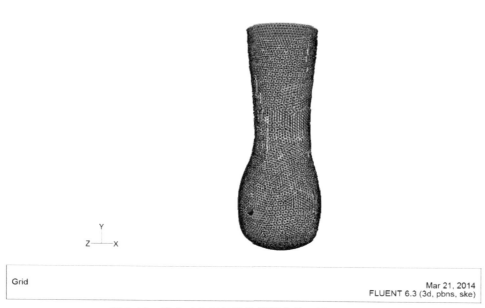

图5-43 武安矿山村炉数值模拟全炉三维网格模型

内透气性条件下，都会形成这种气流分布；A—C状态组合模拟结果涵盖了武安矿山村炉正常冶炼下煤气一次分布状况。

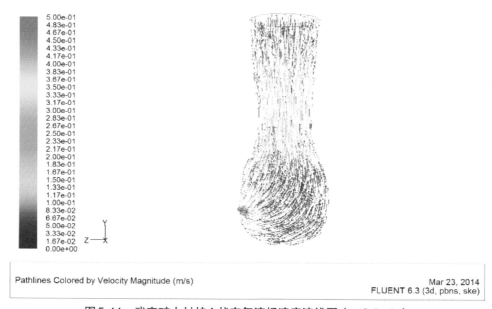

图5-44 武安矿山村炉A状态气流场速度流线图（≤0.5m/s）

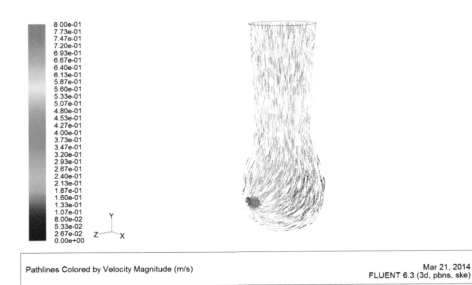

Pathlines Colored by Velocity Magnitude (m/s)

Mar 21, 2014
FLUENT 6.3 (3d, pbns, ske)

图5-45　武安矿山村炉B状态气流场速度流线图（≤0.8m/s）

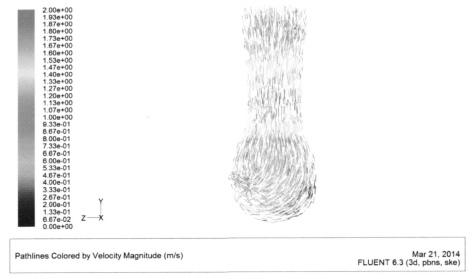

Pathlines Colored by Velocity Magnitude (m/s)

Mar 21, 2014
FLUENT 6.3 (3d, pbns, ske)

图5-46　武安矿山村炉C状态气流场速度流线图（≤2m/s）

以B状态为例，炉内全压等值面和速度等值面分布如图5-47、图5-48所示。炉内风口处最高气压为3760Pa，表明6m以上的炉高对鼓风压强要求很高。木扇属于摆动活塞式鼓风器，容易获得较高的压强，比较适用于此种炉型。

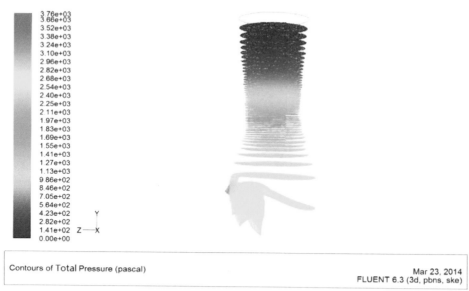

Contours of Total Pressure (pascal)　　　　　　　　Mar 23, 2014
FLUENT 6.3 (3d, pbns, ske)

图5-47 武安矿山村炉B状态气流场全压等值面图（全值域）

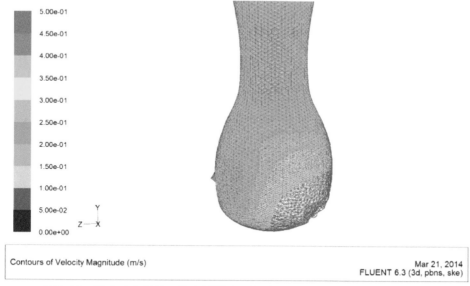

Contours of Velocity Magnitude (m/s)　　　　　　　Mar 21, 2014
FLUENT 6.3 (3d, pbns, ske)

图5-48 武安矿山村炉B状态炉腰以下气流场流速等值面图（≤0.5m/s）

炉门附近气流速度明显小于周边区域，说明较难达到该区域，容易造成该侧炉壁结瘤甚至炉门冻结，不利于冶炼。所以经过模拟，笔者认为，对于单风口炉型，在炉缸、炉腹部位，炉门一侧的炉壁应该比较平直，类似于水泉沟3号炉。

（二）软熔带整流后的全炉流场二维模拟

以风口—炉门连线所在纵剖面为例，根据B状态下流场速度流线图对炉内层带进行划分，建立二维模型（图5-49）。遗址现场没有相关遗迹现象，只能推测，由于采用单风口炉腹鼓风，炉内软熔带分布会向风口一侧偏移，该纵剖面的死料层上沿比较平直。模拟结果见图5-50—图5-52。

Grid
May 11, 2014
FLUENT 6.3 (2d, pbns, ske)

图5-49　武安矿山村炉内部层带二维网格模型（倒V形软熔带）

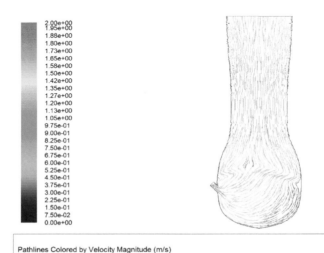

Pathlines Colored by Velocity Magnitude (m/s)
May 11, 2014
FLUENT 6.3 (2d, pbns, ske)

图5-50　武安矿山村炉B状态气流场速度流线图（二维，≤0.5m/s）

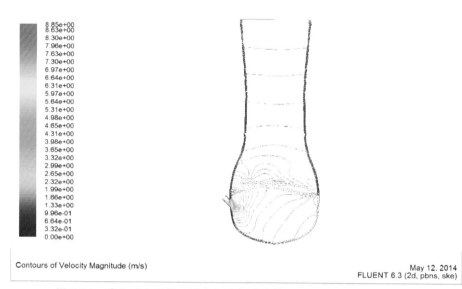

图5-51　武安矿山村炉B状态气流场速度等值线图（二维，全值域）

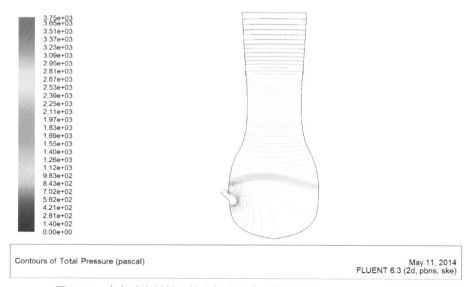

图5-52　武安矿山村炉B状态气流场全压等值线图（二维，全值域）

　　从图5-50—图5-52可见，软熔带对偏行煤气的确具有一定的整流作用：经过软熔带后，炉腹中部气流向边缘发展；之后又在内收炉身的汇聚下向中心汇聚；炉腰部位仍有一定的偏行；说明软熔带可能无法完全扭转煤气偏行，但经过固态炉料层的不断整流，炉喉以上部位气流等压线、速度等值线都分布较为平整，表示气流速度分布已经均匀，说明固体块状炉料层的整流作用非常明显。

从武安矿山村炉遗址现状来看（图3-24—图3-27），风口一侧炉壁内衬破坏较为严重；炉门一侧炉壁已经残缺，无法对炉衬侵蚀线的走向进行整体判断，但可以看到有降低的趋势。这说明在炉喉部位，仍然存在一定的偏行，或者煤气沿风口一侧炉壁窜行显著。这与数值模拟得到的结果相互印证。

此外，炉体中上部的收口式结构不利于煤气集中利用，降低了煤气浓度，对间接还原有一定影响；但炉体上部的细高形状，有助于延长煤气与料层的接触时间，对煤气浓度降低有一定的补偿作用，最终效果如何只能由实际冶炼决定。

以上内容是对炉内气流场进行模拟，没有考虑对炉料运行的影响。从现代冶炼经验来看，炉口外敞炉喉内收的结构会造成炉壁挂渣，影响顺行，降低炉龄。高达6m以上的大型炉对鼓风压力要求会很高；炉喉内收支撑上部炉料，可以减轻炉底压力，将内倾角度控制在适当范围内，是可行的方案。武安地处华北与中原交界地带，具有丰富的铁矿石储量，在唐宋时期属于经济中心地带，应该汇集了大量高水平的冶炼工匠。这种炉型结构不失为一种有意义的探索方案。

第五节　延庆水泉沟 3 号炉气流场数值模拟

延庆水泉沟3号炉属于D型Ⅰ式炉，是唐宋以后北方地区多见的一种炉型。该类竖炉的主要特征是单风口、位于炉腹部位，倾斜向下鼓风；有明显炉身角、炉腹角；水平截面呈圆形。与武安矿山村炉相比，其收口式结构更加符合常规设计，具有广泛的代表性。本节将着重模拟倾斜向下鼓风在炉腹上下部位造成什么样的气流场，对炉体其他部分有何种影响。

此外，焦作麦秸河D型Ⅱ式炉介于Ⅰ式与Ⅲ式之间，其炉内流场也介于后两者之间，不需单独对其进行模拟，在后文中直接对其进行探讨。

一、计算边界条件

本小节模拟方案与前述方法相同，进风口设为速度入口，炉口设置为压力出口，炉内设置为多孔介质。需要预先计算的边界条件及计算过程如下。

（一）多孔介质透气性参数计算

根据考古调查和正式发掘的资料，水泉沟 3 号炉周边探方发掘的木炭尺寸为 0.025—0.040m，炉壁上木炭痕迹尺寸为 0.03—0.05m（图 5-53、图 5-54）。模拟中将木炭尺寸计为 0.025—0.050m。根据式 5-9、式 5-10 计算了 B 状态下固体炉料区及滴落带等透气性较好区域的渗透性系数 α 与内部损失系数 C_2，A、C 状态下的相关结果同见表 5-5。

图 5-53　延庆水泉沟 3 号炉炉腹的木炭颗粒

资料来源：黄兴摄

图 5-54　延庆水泉沟 3 号炉炉前地层中木炭颗粒

资料来源：黄兴摄

（二）速度入口风速计算

根据第四章第四节的复原，延庆水泉沟 3 号炉炉高 3.8m，炉容 4.0m³，属于中型竖炉。宋辽时期已经使用木扇鼓风。木扇属于木质封装摆动单作用活塞式鼓风器，直到清代佛山、近代山西竖炉冶铁仍在使用。风量可满足中型竖炉鼓风需求。假设当时使用的木炭挥发物比例、冶炼强度与阳城犁炉相近，故 B 状态单位炉容风量为 4.06m³/min，总风量为 16.24m³/min。设 A、C 状态风量分别为 B 状态的 0.8、1.2 倍，即 12.99m³/min、19.49m³/min。依据复原，风口数 1 个，风口面积 0.22 × 0.10= 0.022m²，则三种状态下的速度入口风速见表 5-5。

（三）风口前空腔尺寸计算

风口前空腔深度的计算结果见表 5-5。由于风口呈长方形，空腔的竖直高度大于水平宽度，其中心线沿风道方向，倾斜向下。

表5-5　延庆水泉沟3号炉流场数值模拟边界条件总表

状态	D_P（m）	ε	$1/\alpha$	C_2	v（m/s）	L_R（m）	$P_顶$（Pa）
A	0.025	0.300	4.356 e⁶	3.630 e³	9.84	0.200	0
B	0.0375	0.360	9.364 e⁵	1.280 e³	12.3	0.200	0
C	0.050	0.420	2.724 e⁵	5.480 e²	14.8	0.201	0

（四）压力出口的设定

炉顶气流直接排出，出口设为压力出口，压力 $P_顶$ 为 0（相对气压）。

二、数值模拟与结果分析

（一）均等透气性条件下全炉流场三维模拟

根据第四章第六节的复原建立炉体模型，设为多孔介质；依据表 5-5 建立风口前空腔模型，设为空区，对气流没有阻碍。为了保证气流倾斜向下鼓入，且以示与其他鼓风方式的区别，风口外保留了一小段风道模型（图 5-55）。其他边界条件依据表 5-5 数据设立，采用 MRF 进行耦合，压力速度离散采用 Sample 算法和 k-ε 湍流模型。迭代结果残差小于 10^{-3}。

炉腹斜吹方式三种状态下的气流场模拟结果如图 5-56—图 5-60 所示。

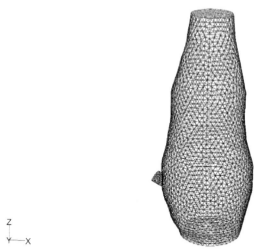

Grid

Mar 17, 2014
FLUENT 6.3 (3d, pbns, ske)

图5-55　延庆水泉沟3号炉数值模拟全炉三维网格模型

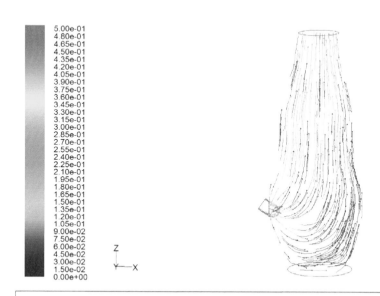

Pathlines Colored by Velocity Magnitude (m/s)

Mar 23, 2014
FLUENT 6.3 (3d, pbns, ske)

图5-56　延庆水泉沟3号炉A状态气流场速度流线图（≤0.3m/s）

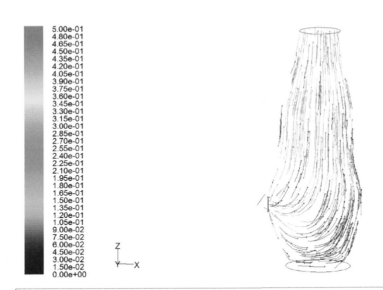

图 5-57 延庆水泉沟 3 号炉 B 状态气流场速度流线图（≤0.5m/s）

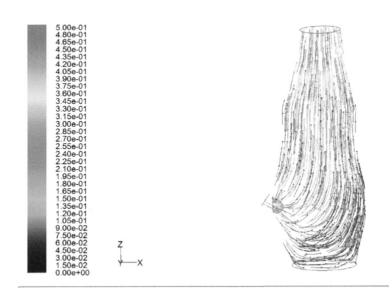

图 5-58 延庆水泉沟 3 号炉 C 状态气流场速度流线图（≤0.7m/s）

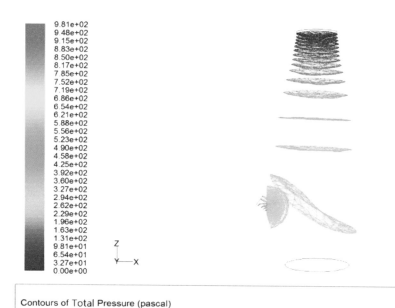

Contours of Total Pressure (pascal)

Mar 21, 2014
FLUENT 6.3 (3d, pbns, ske)

图5-59　延庆水泉沟3号炉B状态气流场全压等值面图（全值域）

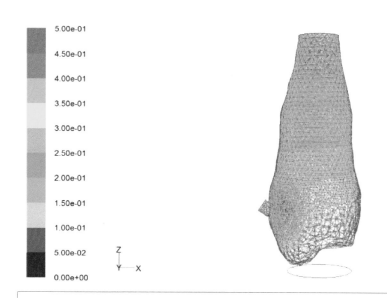

Contours of Velocity Magnitude (m/s)

Mar 21, 2014
FLUENT 6.3 (3d, pbns, ske)

图5-60　延庆水泉沟3号炉B状态气流场流速等值面图（≤0.5m/s）

对图 5-58—图 5-60 进行比较，可以看到炉内气体走向和速度阶梯分布等流场特征基本一致，差别在于速度大小。结合边界条件的推算方式，可以认为，本节 A—C 状态组合模拟结果涵盖了延庆水泉沟 3 号炉正常冶炼下煤气一次分布状况。即在比较宽泛的鼓风量、炉内透气性条件下，都会形成如图 5-58—图 5-60 所示的气流分布。

可以认为，单风口斜向下鼓风可以在一定程度上增强炉底气流，从而提高炉缸活跃程度，有助于炉况顺行，但炉门一面由于远离风口，供风略显不足。炉体下部煤气一次分布接近风口一侧气流发展较好，软熔带也会向风口一侧偏移，呈不对称状态。由此会造成风口一侧炉壁较早损坏。这与考古调查发现延庆水泉沟 3 号炉风口一侧炉衬损坏程度大大高于其他部位，露出了石砌炉壁相印证。

（二）软熔带整流后的全炉流场二维模拟

根据气流场速度流线图（图 5-57）分析，炉腹倾斜鼓风造成风口一侧煤气旺盛，软熔带向风口侧偏移，呈比较平缓的倒 V 形，软熔带厚度和整体高度与冶炼强度有关。照此建立二维模型，将炉内层带划分如图 5-61 所示，模拟结果见图 5-62—图 5-64。

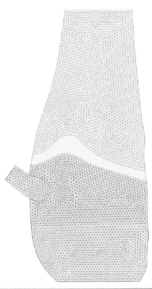

Grid

May 12, 2014
FLUENT 6.3 (2d, pbns, ske)

图 5-61　延庆水泉沟 3 号炉内部层带二维网格模型

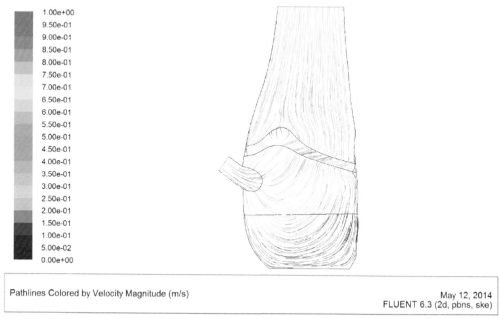

Pathlines Colored by Velocity Magnitude (m/s)

May 12, 2014
FLUENT 6.3 (2d, pbns, ske)

图5-62　延庆水泉沟3号炉B状态气流场速度流线图（二维，≤0.5m/s）

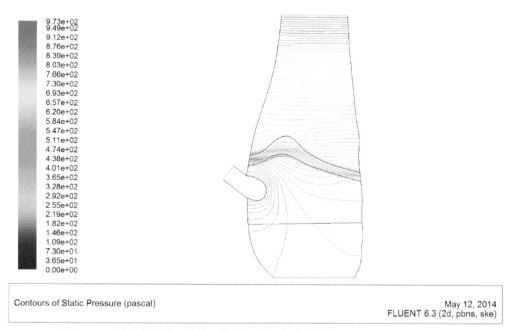

Contours of Static Pressure (pascal)

May 12, 2014
FLUENT 6.3 (2d, pbns, ske)

图5-63　延庆水泉沟3号炉B状态气流场速度等值线图（二维，全值域）

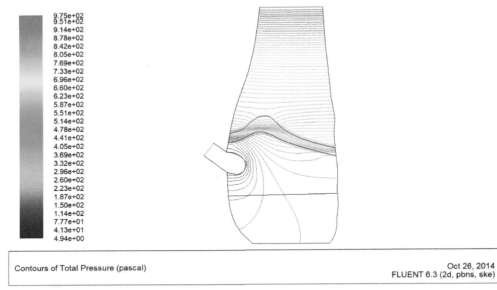

Contours of Total Pressure (pascal)

Oct 26, 2014
FLUENT 6.3 (2d, pbns, ske)

图5-64　延庆水泉沟3号炉B状态气流场全压等值线图（二维，全值域）

从模拟结果可以看到，软熔带偏向风口一侧，炉门一侧软熔带坡度较长，使得大量煤气流向该侧；经过上部炉料的不断整流，上部煤气分布更加均匀。

第六节　延庆水泉沟4号炉气流场数值模拟

延庆水泉沟辽代4号炉属于E型Ⅰ式炉。该类竖炉的主要特征是水平截面呈长方形，将风口设在长边中部，其设计意图也是为了加强炉心供风，与椭圆形炉接近。其设计目的实际效果如何，特别是方形炉腔的拐角处是否会形成供风死角，本节以北京延庆水泉沟辽代4号炉为例，就这些问题进行数值模拟。此外，单风口鼓风条件下，软熔带整流效果已经通过前面的模拟得到充分认识，本节不需再建立二维模型对此问题进行单独模拟。

一、计算边界条件

本小节模拟将进风口设为速度入口，炉口设置为压力出口，炉内设置为多孔介质，风口前空腔对气流没有阻碍。需要预先计算的边界条件及计算方法如下。

（一）多孔介质透气性参数计算

根据考古调查和正式发掘的资料，延庆水泉沟4号炉周边探方发掘的木炭尺寸为0.025—0.040m，炉壁上木炭痕迹尺寸为0.03—0.05m。模拟中将其尺寸计为0.025—0.050m。根据式5-9、式5-10计算B状态下固体炉料区及滴落带等透气性较好区域的渗透性系数 α 与内部损失系数 C_2，A、C状态下的相关结果同见表5-6。

（二）速度入口风速计算

根据第四章第七节复原方案，延庆水泉沟4号炉炉高3.2m，炉容1.6m³，属于小型炉。该炉的时代属于10世纪前后，地层年代晚于1、3号炉。可认为当时也使用了木扇，鼓风性能基本满足需求。假设当时使用的木炭挥发物比例、冶炼强度与阳城犁炉相近，故B状态单位炉容风量为4.22m³/min，总风量为6.57m³/min。设A、C状态总风量分别为B状态的0.8、1.2倍，即5.26m³/min、7.88m³/min。依据复原，风口数1个，风口面积0.18×0.08=0.0144m²，则三种状态下的速度入口风速见表5-6。

（三）风口前空腔尺寸计算

风口前空腔深度的计算过程与前述各炉相同，结果见表5-6。由于风口呈长方形，空腔的竖直高度大于水平宽度，其中心线沿风道方向，倾斜向下。

（四）压力出口设定

炉顶气流直接排出，出口设为压力出口，压力 $P_{顶}$ 为0（相对气压）。

表5-6　延庆水泉沟4号炉气流场数值模拟边界条件总表

状态	D_P（m）	ε	$1/\alpha$	C_2	v（m/s）	L_R（m）	$P_{顶}$（Pa）
A	0.025	0.300	4.356 e^6	3.630 e^3	6.25	0.199	0
B	0.0375	0.360	9.364 e^5	1.280 e^3	7.60	0.199	0
C	0.050	0.420	2.724 e^5	5.480 e^2	9.38	0.199	0

二、数值模拟与结果分析

根据第四章第七节的复原建立炉体模型，设为多孔介质；依据表5-6建立风口前空腔模型，设为空区，对气流没有阻碍。为保证气流倾斜向下鼓入，且以示与其他鼓风方式的区别，风口外也保留了一小段风道模型（图5-65）。其他边界条件依据表5-6数据设立，采用MRF进行耦合，压力速度离散采用Sample算法和k-ε湍流模型。迭代

结果残差小于 10^{-3}。

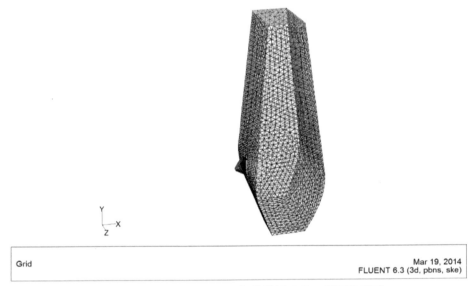

图 5-65　延庆水泉沟 4 号炉数值模拟全炉三维网格模型

三种状态下气流场模拟速度流线图如图 5-66—图 5-68 所示。

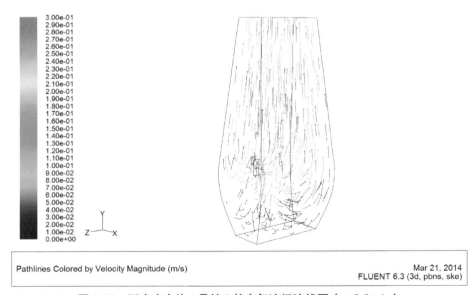

图 5-66　延庆水泉沟 4 号炉 A 状态气流场流线图（≤0.3m/s）

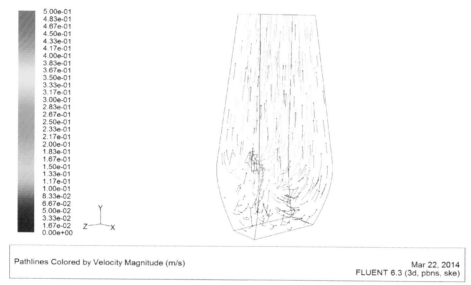

图5-67 延庆水泉沟4号炉B状态气流场流线图（≤0.5m/s）

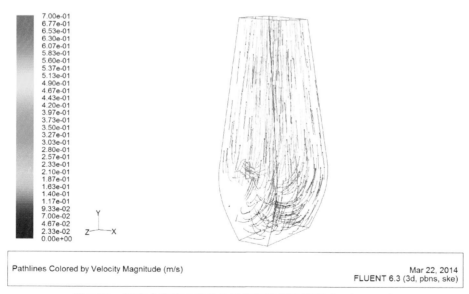

图5-68 延庆水泉沟4号炉C状态气流场流线图（≤0.7m/s）

比较图5-66—图5-68可以看到，炉内气体走向和速度阶梯分布等流场特征基本一致，差别在于速度。结合边界条件的推算方式，可认为，A—C状态组合模拟结果涵盖了延庆水泉沟4号炉正常冶炼下炉内流场分布状况。

与延庆水泉沟3号炉相比，由于炉门至风口距离缩短，风力容易到达炉心及炉门区域，风口以上风力径向分布较为均匀，有助于核心区域冶炼正常进行，炉况偏行现象得到缓解。

炉内静压等值面图如图5-69所示。

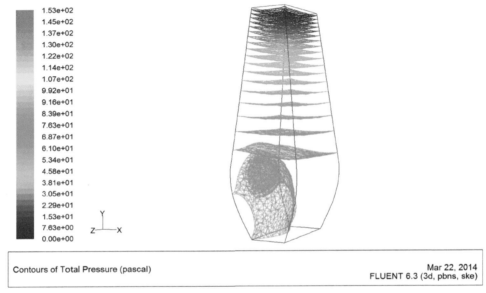

图5-69　延庆水泉沟4号炉B状态全压等值面图（全值域）

由于延庆水泉沟4号炉炉容小，风口处压力低，为153Pa，这个值可能与真实值差别较大。但是，这也反映出此炉容级别的方形炉对鼓风能力要求远低于延庆水泉沟3号炉类型炉。

综上，延庆水泉沟4号炉炉容较小，风口距离中心较近，容易实现炉心供风，对鼓风器的性能要求较低。一个人使用双木扇组合即可满足鼓风需求，但炉内鼓风死角较为明显。

第七节　荣县曹家坪炉气流场数值模拟

荣县曹家坪炉属于F型炉。该类竖炉的主要特征是水平截面呈半圆形，风口设在直边中部，渣铁口设置在侧面拐角处，其设计意图是为了加强炉心供风，与椭圆形、长方形炉接近。其设计目的实际效果如何，拐角处是否会形成供风死角，本节以荣县曹家坪炉为例，就这些问题进行数值模拟。

同样，单风口鼓风条件下，软熔带整流效果已经通过前面的模拟得到充分认识，本节不需再建立二维模型对此问题进行单独模拟。

一、计算边界条件

本节模拟方案将进风口设置为速度入口，炉口设置为压力出口，炉内设置为多孔介质。需要预先计算的边界条件及其计算方法与本章第二节相同，过程如下。

（一）多孔介质透气性参数计算

该遗址尚未发掘，调查中也没有发现木炭颗粒，炉壁挂渣层很薄，较平滑，没有明显木炭痕迹。无法从现场得到木炭尺寸。从炉容分析，认为与水泉沟3号炉相近，本模拟中将其尺寸设为0.025—0.050m。

根据式5-9、式5-10计算了三种状态下渗透性系数 α 与内部损失系数 C_2，结果见表5-7。

（二）速度入口风速计算

根据第四章第九节的复原，荣县曹家坪炉高4.5m，炉容3.9m³，属于中型竖炉。本书认为该炉的时代属于宋代以后，其鼓风性能可以满足需求。假设当时使用的木炭挥发物比例、冶炼强度与阳城犁炉相近。故B状态单位炉容风量为4.22m³/min，总风量为16.46m³/min。设A、C状态风量分别为B状态的0.8、1.2倍，即13.17m³/min、19.75m³/min。依据复原，风口数1个，风口面积0.022m²，则三种状态下的入口风速见表5-7。

（三）风口前空腔尺寸计算

风口前空腔深度的计算过程与前述炉型相同，结果见表5-7。风口呈圆形，空腔接近梨形，其中心线沿风道方向，倾斜向下。

（四）压力出口设定

炉顶气流直接排出，出口设为压力出口，压力 $P_{顶}$ 为0（相对气压）。

表 5-7　荣县曹家坪炉流场数值模拟边界条件总表

状态	D_P（m）	ε	$1/\alpha$	C_2	v（m/s）	L_R（m）	$P_\text{顶}$（Pa）
A	0.025	0.300	$4.356e^6$	$3.630e^3$	9.98	0.199	0
B	0.0375	0.360	$9.364e^5$	$1.280e^3$	12.47	0.200	0
C	0.050	0.420	$2.724e^5$	$5.480e^2$	14.96	0.201	0

二、数值模拟与结果分析

根据第四章第九节的复原建立全炉模型（图 5-70）；风口前空腔依据表 5-7 数据建立；其他边界条件数据依据表 5-7 设置，迭代结果残差小于 10^{-3}。三种状态下的炉内气流场速度流线图如图 5-71—图 5-73 所示。

从图 5-71—图 5-73 可见三种状态下炉内气流分布基本一致，可以认为正常冶炼范围内，炉内流场的分布方式即如本模拟结果所示。

半圆炉型的设计意图是让风力直接到达炉心，但此设计实际改变了炉心位置，将其向内移动，设计初衷并未完全实现。风口到炉壁距离减小，炉心供风一定程度上得到加强，这点从流速等值面图（图 5-74）可见。此外，风口两侧的炉底边缘有明显鼓风死角。这也是非圆形炉型的普遍缺陷。

Grid

Mar 19, 2014
FLUENT 6.3 (3d, pbns, ske)

图 5-70　荣县曹家坪炉数值模拟全炉三维网格模型

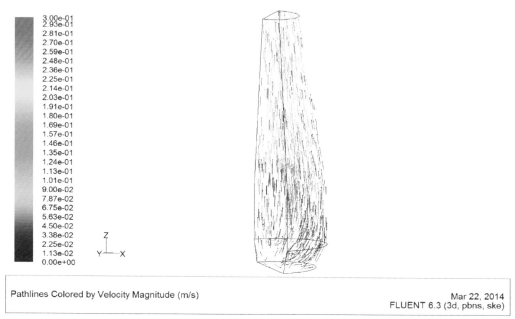

图 5-71　荣县曹家坪炉 A 状态气流场速度流线图（≤0.2m/s）

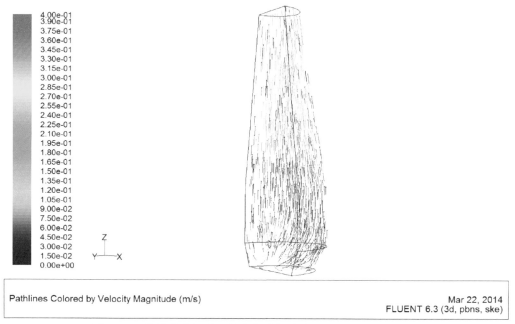

图 5-72　荣县曹家坪炉 B 状态气流场速度流线图（≤0.4m/s）

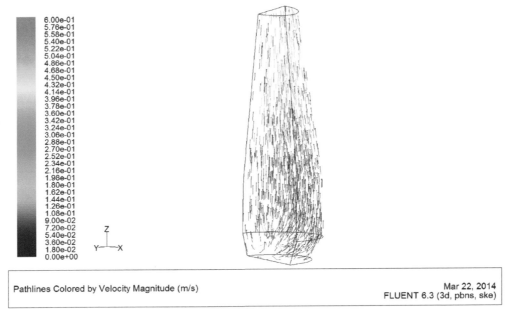

Pathlines Colored by Velocity Magnitude (m/s)

Mar 22, 2014
FLUENT 6.3 (3d, pbns, ske)

图 5-73　荣县曹家坪炉C状态气流场速度流线图（≤0.6m/s）

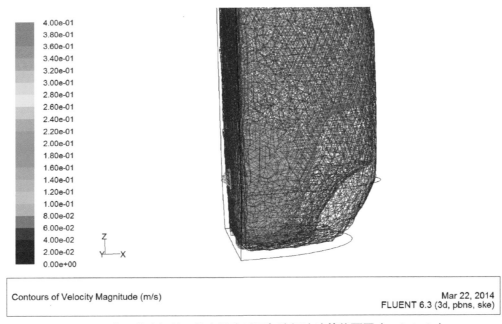

Contours of Velocity Magnitude (m/s)

Mar 22, 2014
FLUENT 6.3 (3d, pbns, ske)

图5-74　荣县曹家坪炉B状态炉腹以下气流场流速等值面图（≤0.4m/s）

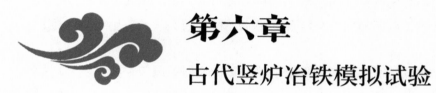

第六章
古代竖炉冶铁模拟试验

为了验证炉型复原和模拟中依据的经验、公式和数据，增进对古代竖炉冶铁的整体认识，我们与山西阳城县科技咨询服务中心合作开展了古代竖炉冶铁模拟试验①。此次试验在山西阳城县开展，前期考察、联络始于 2012 年 10 月，正式砌炉日期为 2013 年 5 月 10 日，冶炼时间为 2013 年 5 月 30 日至 6 月 1 日。

第一节　试验设计与准备

冶炼场选在蟒河镇范上沟村委会门前。按照古代冶铁场来布局，竖炉前面有开阔的空地，后面堆出一个平台，用来上料、鼓风。炉前远处建工棚，工棚后堆放矿石、燃料。

本试验所用炉型为 D 型 I 式的圆形收口单风口炉腹倾斜鼓风炉型。该炉型形成于宋辽时期，具有明显的炉身角、炉腹角、鼓风装置，建炉工艺等主要技术特征已基本成熟定型，是中国古代炉型技术的典型代表，且有北京延庆水泉沟 3 号炉考古发掘资料为辅助。将此炉容缩小，预设了热电偶安装位置。冶炼炉设计见图 6-1。炉体建好后如图 6-2、图 6-3 所示。炉内全高 2.02m，炉容约 1.01m³。各部位用材及尺寸如下。

炉基全高 0.40m，直径 2.50m。先用生石灰铺垫，夯实，起到隔水防潮的作用，厚 0.05m。上面用石块砌筑，厚 0.35m。最上面再铺一层细沙，填平、夯实。

炉壁全高 2.25m，外径 1.50—2.10m，内径 0.50—1.00m。炉腹以上炉壁分为内外两层，内层用精致细石砌筑，外层用坚固大石块砌成，以黏土和石英砂和泥黏接；两层之间填入黏土、石英砂半干混合物，用木柄捣实。

炉底全高 0.45m，直径 0.80m，用半干的黏土、石英砂和少量木炭粉混合物反复夯实。

① 本模拟试验依托国家"指南针计划"专项"中国古代冶铁炉的炉型演变研究"，与阳城县科技咨询服务中心合作开展。笔者作为项目组的负责人和核心成员，全程参与了此次试验。此次模拟试验的部分内容已另文出版（北京科技大学冶金与材料史研究所，阳城县科技咨询服务中心. 炼铁记. 北京：冶金工业出版社，2016.）本书作者担任该书的主编与副主编。本章结合本研究只收录与竖炉冶铁相关的必要内容。

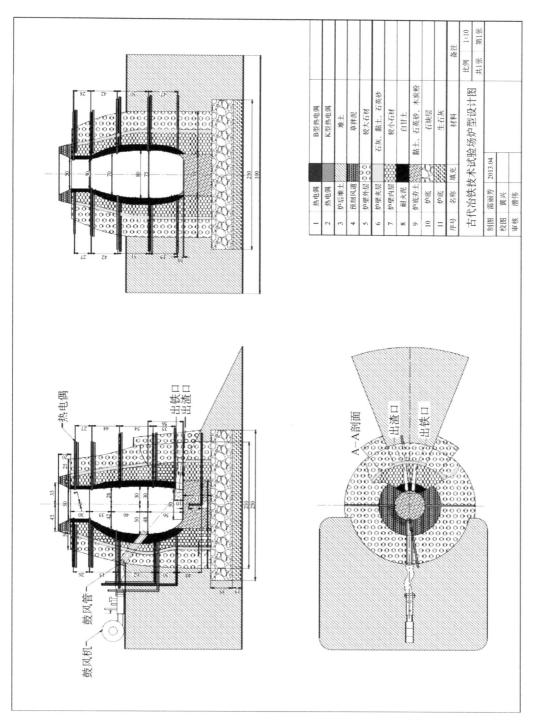

图6-1　古代竖炉冶铁模拟试验炉型设计图

内衬厚 0.50—1.00m，用石英砂和黏土对半调制，做成拳头大小泥团，甩到炉壁上，用手抹压，表面留下手指印粗糙印迹。随着炉体建高，多次点火烘烤炉体。

图6-2　试验竖炉（正面）
资料来源：黄兴摄

鼓风道用草拌泥预制，埋设于炉壁后方，中心线对准出口与出铁口中心连线的中点。

炉门位于炉体前方下部，上面有出渣出铁口，比炉壁略薄，便于捅开及渣铁流出。

堆土炉后堆土，与风道入口齐平，便于鼓风、上料等操作。炉前也有堆土，在出渣出铁口形成一个缓坡，以供液态渣铁顺利流出。

图6-3 试验竖炉及操作平台（侧面）

资料来源：黄兴摄

矿石采自山西省阳城县横河镇红花掌铁矿，为赤铁矿窝矿，一直用来作为犁炉炼铁的原料。入炉前，矿石要经过焙烧、砸矿、筛选等处理，颗粒度要在0.01m以下。木炭委托当地木炭窑专门烧制。用石灰石作为助熔剂，取自试验场附近河谷，破碎至0.05m以下。用离心式中压风机鼓风，设计风压2000±500Pa，风量9±5m³/min，通过调节进风口和放压阀将鼓风性能参数控制在古代木扇性能参数范围内。与多位经验丰富的师傅共同制定了上料、鼓风方案。

此次试验使用多种现代测量设备，如热电偶、红外热成像仪、热线式风速计、压力变送器、无纸记录仪、膜盒式压力表等，对冶炼过程进行全程监测。数据记录有自动记录和人工记录两种方式。在炉顶安装管道，用小型抽气机提取煤气样品，检测煤气成分。

冶炼结束后，急速冷却炉体，然后进行解剖、记录和取样分析。

第二节 冶 炼

烘炉两天后，冶炼正式开始（图6-4），前后持续42.5h，上料批74次，平均每小时上料批1.74次，每隔0.57h上一次料。从每小时加料批次来看，冶炼强度较高，负荷较小。上料采用倒同装（除一次顺装外，正装吃炉心，倒装吃炉边，同装吃炉心，分装吃炉边）：先加木炭并摊平后，把矿石和青石均匀地撒在木炭上。

图6-4 开炉冶铁

资料来源：刘培峰摄

冶炼开始鼓风20min后流出炉壁渣，鼓风5h20min后开始出冶炼渣，共出渣62次；加上3次掏灰，平均每小时开铁口、渣口1.53次，每隔0.65h开一次口。

冶炼出来的铁有一部分在炉内重新凝结，呈块状与炉渣混在一起，排出炉外（图6-5、图6-6）。其中炉渣降温较快，快速变暗；铁块降温较慢，仍保持橘红色，在夜间很容易辨别。用大锤砸击，炉渣一击即碎；铁块坚硬、有韧性，不易碎裂。

图6-5　冶炼出的流动状生铁

资料来源：刘培峰摄

图6-6　冶炼出的块状生铁（白口铁）

资料来源：刘培峰摄

风压、风量两类数据用手动与自动的方式共记录了4组（图6-7）。正常冶炼情况下，风压基本维持在1000—2000Pa，风量基本维持在6—8m³/min。由于风筒布、风嘴处漏风严重，管道风量损失约30%，即入炉风量4.2—5.6m³/min，单位炉容风量4.2—5.6m³/min，冶炼强度较高。

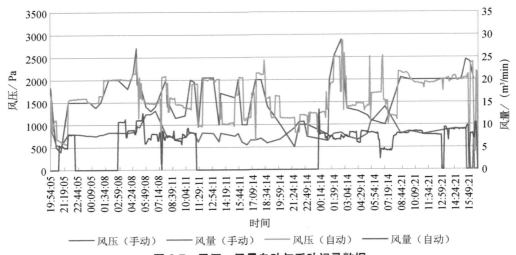

图6-7 风压、风量自动与手动记录数据

资料来源：黄兴制

各层热电偶（自下向上）采集的炉壁温度数据见图6-8—图6-12。

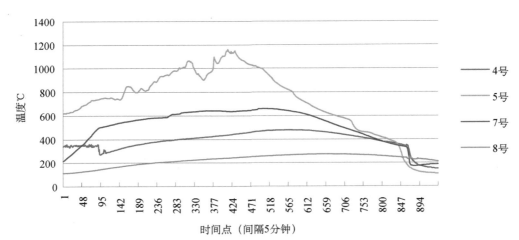

图6-8 第1层热电偶温度曲线

资料来源：谭亮制

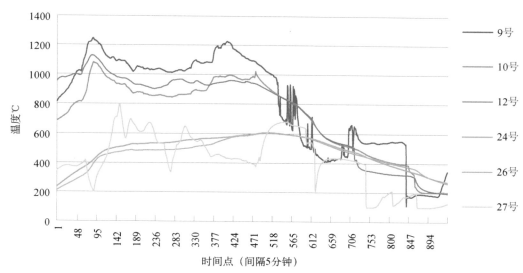

图6-9　第2层热电偶温度曲线

资料来源：谭亮制

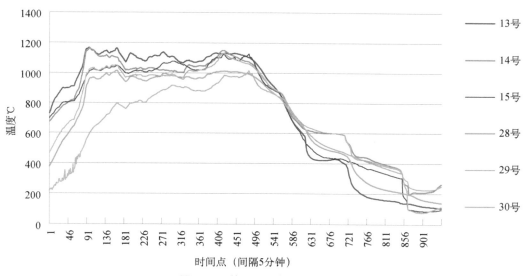

图6-10　第3层热电偶温度曲线

资料来源：谭亮制

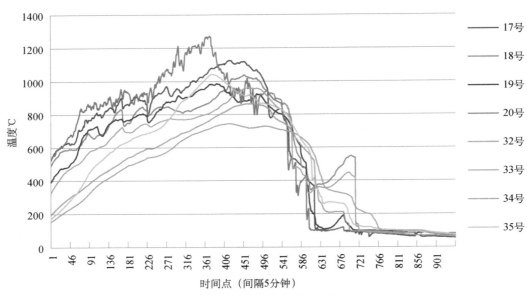

图6-11　第4层热电偶温度曲线

资料来源：谭亮制

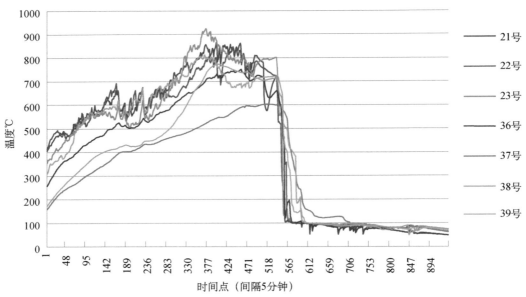

图6-12　第5层热电偶温度曲线

资料来源：谭亮制

整体来看，正常冶炼状态下，炉壁内层温度最高达到1200℃左右，第2、3层对应炉腹部位，升温较快，降温较慢；第1层对应炉底部位，第4、5层对应炉身、炉喉部位，升温较慢降温较快。

第三节　解　剖　炉　体

解剖炉体设计了氮气和注水两套冷却方案。先用氮气冷却炉体，发现冷却速度很慢，效果不理想；改用注水冷却，注水约40h后，炉体完全冷却。

炉体解剖采取半剖方式（图6-13），自上而下分为9层（A—I），逐层剥离、记录、取样，关键部位专门记录取样。根据A—I层的解剖情况，炉料部分按组成和状态可分为6个区域（图6-14）。

Ⅰ：炉料以大块木炭为主；

Ⅱ：炉料以木炭+青石的白色粉末为主；

Ⅲ：炉料以木炭+细微的红色矿石粉末为主；

Ⅳ：炉料以大块的渣铁混合物+碎小木炭+细微红色矿石粉末为主，疑似软熔带物质，大块炉料坚硬；

Ⅴ：死料区，炉料非常坚硬，含有少量小铁块，其中在风口前空腔上下均有一大块岩石坠落；

Ⅵ：铁口内沿的空洞，有较多的疑似滴落带物质。

第四节　冶铁试验综合分析

此次模拟试验取得了大量数据，得到了很多新认识，为炉型复原和数值模拟提供了关键验证和重要参考，为今后的进一步研究奠定了基础。

一、从炉身侵蚀线看炉内温度分布

炉内各方向侵蚀程度差别较大（图6-15）。风口一侧炉顶下约0.45m处，炉衬即开始侵蚀，有石块炉壁坍塌；侧面炉衬约0.60m起，炉衬有侵蚀现象；风口正对一侧

图6-13　炉体解剖整体照

资料来源：潜伟摄

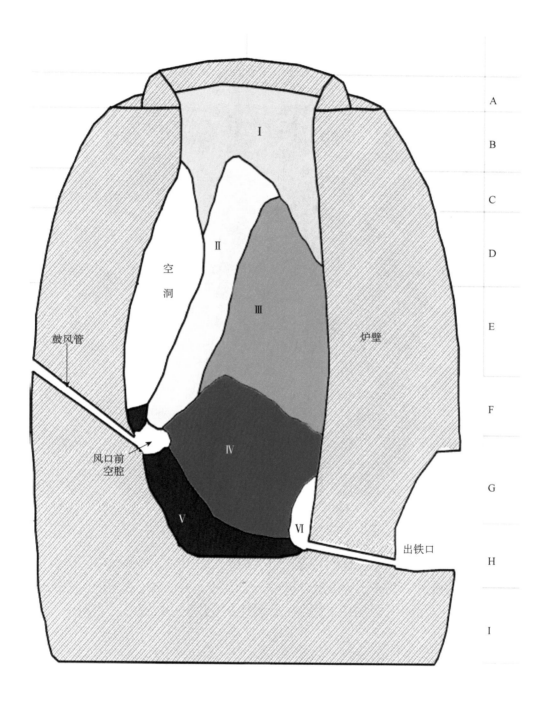

图6-14　试验竖炉剖面示意图

资料来源：刘培峰绘

由于有较大裂缝，部分炉衬掉落，不好判断开始侵蚀的高度。但从该侧炉瘤位置低于垂直风口一侧炉瘤来看，炉衬开始侵蚀的位置也应该低于垂直风口一侧。

图6-15 炉壁侵蚀线走向

资料来源：黄兴摄/绘

试验炉内壁侵蚀圆周分布状况与延庆水泉沟3号炉相同，都是风口一侧偏高体现出单风口鼓风造成炉内气流、等温线向风口一侧偏移。不同之处在于炉内侵蚀的整体高度高于后者，反映出小型竖炉强化冶炼造成炉内等温线分布较高。

二、风口前空腔及对经验公式的验证

解剖发现风口内存在一个空洞，上部有两个出口，内部有较为光滑的渣壳，深度约为0.19m（图6-16）。试验入炉风量4.2—5.6m³/min，风嘴内径0.06m，风压1000—2000Pa，风温为常温计300K，根据式5-5计算风口前空腔深度为0.200—0.201m，与解剖发现的空腔深度非常接近，证明该公式是适用的。

图6-16 风口前空腔

资料来源：黄兴摄/绘

现代大型高炉的经验认为，风口前风速高于100m/s时才会形成回旋现象，低于此值会像煤炭在箅子上燃烧一样。小型高炉的风口前速度较低，回旋现象不明显。首钢和攀钢小型高炉风速分别为125m/s、195m/s，炉体解剖发现了回旋区（朱嘉禾，1982；高润芝和朱景康，1982；吴志华和安立国，1983）。有文献用黄豆、小米模拟炉料，展示了冷态情况下，逐渐提高风速、风口回旋区逐渐形成的过程（Rajneesh et al.，2004）。

试验竖炉风速换算为24.77m/s，应该不会形成回旋区，只会形成空腔。空腔的大小与鼓风动能、风口前燃料层压力、燃料消耗速度等都有关系。古代小型竖炉大都会强化冶炼，风速不低；大型竖炉风速更大，鼓风动能和风口前木炭消耗速度都不低。

从炉型角度看，风口附近炉型线走向可在一定程度上减轻风口前木炭压力。在本冶炼模拟试验中，如果风口前不通畅，风口风压会急剧上升，风量下降，铁口火苗软弱，影响炉内供风。这属于不正常情况，冶炼师傅会用铁棒捅风口，使气流通畅，风压降低，改善炉内供风。根据遗址考察资料，古代竖炉遗址风道大都没有弯曲，这也是为了方便捅风口、观察炉内火力而设计。

三、料层透气性变化

解剖发现炉内料层 6 个区域透气性差别较大，特别是木炭粉化较为严重、加渣加助熔剂量偏大，导致炉体下部透气性较差（图 6-17）。

传统冶炼对木炭粒度、硬度和燃烧值要求非常严格，本试验设计阶段对此特别注意。但实际中符合要求的栎木炭在市场并无销售，山上的栎树严禁砍伐，只能委托烧炭厂尽量选择硬度较大的木材烧制。木炭的耐压、耐磨性能和热值都不理想，导致料柱透气性不好。

烧制的木炭粒度差别比较大，入炉前对其进行了分拣，粒度控制在 0.03—0.05m 范围内，比较理想。

本试验所用木炭粒度中途有所调整。用孔径 0.015m 的筛子，将大颗粒筛除，小颗粒入炉。入炉的小颗粒木炭中有较多碎末，熟悉传统冶炼的师傅认为没问题，他们一直都是这么做的。后由于木炭粉化严重，影响炉内的透气性，故改变策略，除去粉末，只加入小颗粒木炭。

四、煤气成分分析

本试验用小型抽气机共收集了 7 份炉顶煤气，装在充气枕中。经北京科技大学材料科学与工程学院实验测试中心分析，所得结果如表 6-1 所示。由于收集时有空气混入，煤气被稀释，导致 CO、CO_2 含量非常低，但从两者比例可以看出一些信息。煤气中 CO 体积含量普遍高于 CO_2，冶炼开始时，冶炼负荷较轻，CO 与 CO_2 体积比为 8.42—11.94。冶炼正常时 CO 与 CO_2 体积比为 2.27—4.67，表明本试验煤气利用率较低，间接还原不足。其原因有风量较高，冶炼负荷较低，还原行程较短等。这与阳城犁炉、云南果园村竖炉炼铁的情况相近。

图6-17 解剖后炉料形态与堆积状况（上：炉腰以上，下：炉腰以下）

资料来源：黄兴摄/绘

表6-1　古代冶铁模拟试验炉顶煤气CO与CO_2含量

分类	1	2	3	4	5	6	7
CO 占比/%	5.98	10.63	2.61	2.29	1.25	1.94	1.09
CO_2 占比/%	0.71	0.89	0.77	0.49	0.48	0.48	0.48
CO/CO_2	8.42	11.94	3.39	4.67	2.60	4.04	2.27

整体来看，本次模拟试验在设计、建炉、选料和冶炼等各环节都尽最大努力按古代条件进行，最大限度地模拟了古代竖炉冶铁过程。

冶铁竖炉正常运行时，渣铁口能够正常打开，有一尺多长的火苗有力喷出，液态渣铁先后流出，炉缸部位经常发出"嗡嗡"的气流声，说明炉缸处于活跃状态，能够正常工作。这表明风道角度设计适应冶炼需求，炉腹角顺应了炉内气流方向，同时起到了汇聚冶铁渣铁和保温的作用。

冶炼过程中也出现了炉料偏行、炉壁侵蚀、木炭粉化等现象。这些都为分析研究古代竖炉冶铁提供了重要线索和依据。

此次模拟试验比较全面、真实地反映出了宋代冶铁炉的冶炼状况，对宋元竖炉冶铁技术有了深入认识，实现了此次试验的预期目标。

第七章

竖炉炉型综合探讨
——技术、演变与传播

中国古代冶铁竖炉炉型研究

现代炉型设计主要由炉料性质和装备条件决定，基本原理大致与古代竖炉相同，但在不同的技术条件和语境下，侧重点又有所不同。古代竖炉炉型及其演变主要受到矿石还原性、鼓风条件、木炭强度和建炉材料等技术要素的影响，受到"顺行、稳产"的经济追求的影响，也受到建炉者的经验认识的影响。

不同时代、地区各种因素差异较大，影响程度也不同，形成了多样的炉型。古人对炉型的认识来源于生产经验和师徒传承，需要长期累积，矿料、燃料、鼓风、炉材等因素也非短期可以改变，这使得炉型之间存在明显的相似与相异现象，适宜采用类型化研究。

本书已对中国古代炉型进行了考察复原、数值模拟与试验模拟，从外观和技术内涵两个层面揭示了古代炉型特征。本章将从炉型数值模拟拓展分析、炉型与冶炼综合分析、炉型演变与传播、中欧冶铁炉炉型发展初步比较等方面对古代炉型进行全面探讨。

第一节　竖炉炉型数值模拟拓展分析

第五章对典型竖炉的模拟主要分析真实的炉型对气流场及冶炼的影响，本节将模拟内容进一步拓展，对假设性炉型结构进行模拟，对比分析古代炉型"为什么不是那样"，并对古代竖炉的温度场模拟进行探索和展示。本节模拟以最具代表性的 D 型 I 式竖炉（延庆水泉沟 3 号炉）为例，以古代竖炉冶铁模拟试验结果作为参考，力图对炉型有更全面的认识。

一、无风口前空腔气流场模拟

本书在多种炉型模拟中都采用了有风口前空腔模型。如果没有空腔，炉内会形成何种煤气分布？本节利用 D 型 I 式（延庆水泉沟 3 号炉）三维模型对此进行了模拟。将炉内全部视为均匀透气性多孔介质（包括风口区），采用 A、B、C 等 3 种边界条件组合，得到了同种类型的炉内气流场模拟结果。其中，B状态模拟结果气流场速度流线图如图7-1、图7-2所示。

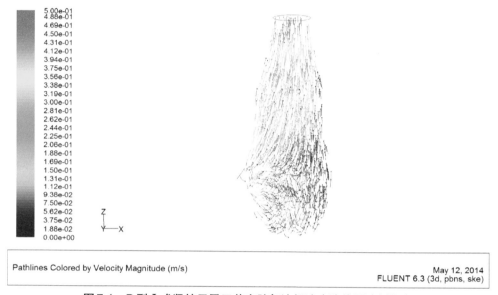

图7-1　D型Ⅰ式竖炉无风口前空腔气流场速度流线图（侧视）

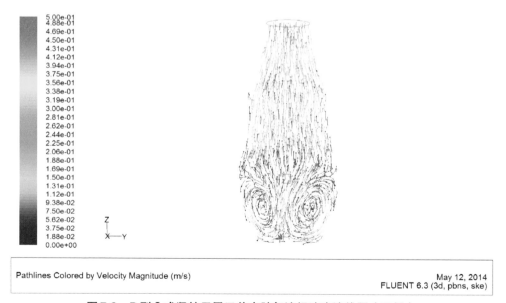

图7-2　D型Ⅰ式竖炉无风口前空腔气流场速度流线图（正视）

可见，风口前没有空腔时，鼓入的气流在前进过程中向炉缸两侧部位翻滚，形成漩涡；涡流占据了炉腹以下的大部分区域。此时风口前静压较高，达到3000Pa以上。

古代冶铁模拟试验中，风口前被木炭堵塞时，气压显著上升，炉内气流场很可能就会与此类似。这种煤气一次分布方式较为特殊，其现象是铁口火苗疲软，不利于冶炼，需要人工干预，将风口捅开。因此，如果没有空腔或空腔过于狭小，炉内一次煤气分布会发生显著变化，不利于冶炼。在本书所涉及的古代冶铁炉范围内，应当存在风口前空腔。

二、炉腹平吹、炉底平吹式鼓风气流场模拟

古代竖炉多采用炉腹倾斜向下的方式设置风口，为什么不采用炉腹平吹或炉底平吹方式设置风口呢？本节利用D型I式竖炉三维均匀透气性模型模拟了B状态下炉腹平吹、炉底平吹的气流场，图形输出结果如图7-3—图7-8所示。

与炉腹斜吹流线（图5-57）相比，炉腹平吹方式（图7-3—图7-5）对炉缸的供风效果略差一些，但不是特别明显。本书认为其原因主要是模拟中设置的延庆水泉沟3号炉风口面积与炉容的比例偏大，减弱了鼓风动能，削弱了鼓风角度对气流分布的影

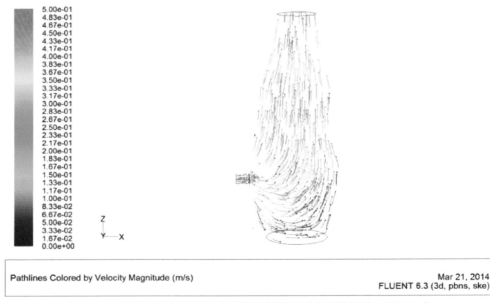

Pathlines Colored by Velocity Magnitude (m/s)

Mar 21, 2014
FLUENT 6.3 (3d, pbns, ske)

图7-3　D型I式竖炉炉腹平吹B状态气流场速度流线图（≤0.5m/s）

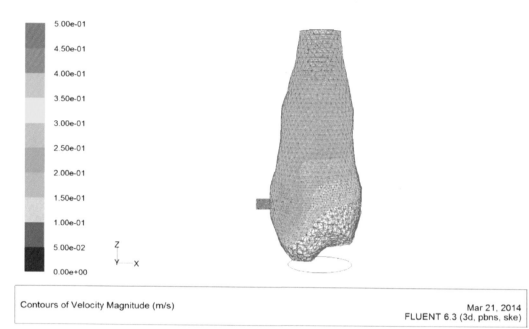

图7-4　D型Ⅰ式竖炉炉腹平吹B状态气流场流速等值面图（≤0.5m/s）

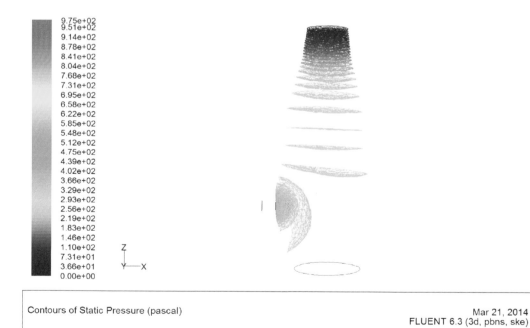

图7-5　D型Ⅰ式竖炉炉腹平吹B状态气流场静压等值面图（全值域）

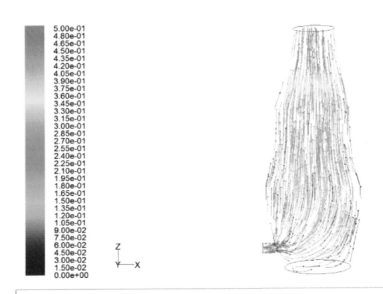

Pathlines Colored by Velocity Magnitude (m/s)

Mar 21, 2014
FLUENT 6.3 (3d, pbns, ske)

图7-6　D型Ⅰ式竖炉炉底平吹B状态气流场速度流线图（≤0.5m/s）

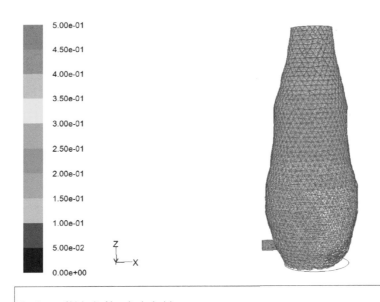

Contours of Velocity Magnitude (m/s)

Mar 21, 2014
FLUENT 6.3 (3d, pbns, ske)

图7-7　D型Ⅰ式竖炉炉底平吹B状态气流场流速等值面图（≤0.5m/s）

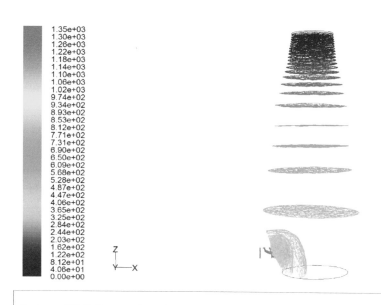

1.35e+03	
1.30e+03	
1.26e+03	
1.22e+03	
1.18e+03	
1.14e+03	
1.10e+03	
1.06e+03	
1.02e+03	
9.74e+02	
9.34e+02	
8.93e+02	
8.53e+02	
8.12e+02	
7.71e+02	
7.31e+02	
6.90e+02	
6.50e+02	
6.09e+02	
5.68e+02	
5.28e+02	
4.87e+02	
4.47e+02	
4.06e+02	
3.65e+02	
3.25e+02	
2.84e+02	
2.44e+02	
2.03e+02	
1.62e+02	
1.22e+02	
8.12e+01	
4.06e+01	
0.00e+00	

Contours of Static Pressure (pascal)

Mar 21, 2014
FLUENT 6.3 (3d, pbns, ske)

图7-8　D型Ⅰ式竖炉炉底平吹B状态气流场静压等值面图（全值域）

响。此外，空腔的存在也对炉内气流一次分布产生较大影响，其作用相当于将风道延伸到炉内，部分气流沿垂直于风道方向向四外流出，从而削弱了鼓风角度对气流分布的影响。

实际冶炼中出渣出铁时，两者的区别就会显现出来。倾斜鼓风风道方向指向炉门，炉门一旦打开，高温气流很容易到达炉门，并对其加热，从而防止出渣出铁带走热量引发炉门冻结。

仅从炉内气流场来看，炉底平吹可有效增加炉缸部位供风（图7-6—图7-8），有利于炉缸保温。但风口过低，容易被渣铁淹没，也相当于增加了炉高。模拟显示，在同样条件下，风口处的压力约1350Pa（图7-8），明显大于炉腹鼓风风口处的压力（图7-5）。这对鼓风器的要求更高。这反过来也说明采用炉腹鼓风，有利于增加炉高，扩大炉容。目前发现的5m³级别竖炉如延庆水泉沟3号竖炉、麦秸河竖炉等风口至炉顶高程基本接近，此高程与鼓风压强相关，可能已接近人工鼓风的极限。

综合来看，所以采用炉腹倾斜鼓风是一种改善炉缸温度、增加炉容两者兼顾的解决方案。

三、炉内温度场数值模拟探索

温度场与炉内化学反应密切相关，模拟非常复杂。本节参考全炉热平衡编制方法，根据各区域化学反应类型及速率，结合冶铁模拟试验所得温度数据，从热支出、热收入的角度对 D 型 I 式竖炉温度场进行探索模拟，以期认识古代炉内温度分布状况，与遗迹现象进行比较，探索该式竖炉的特征。

根据现代炼铁学理论，全炉热平衡计算有三种编制方法（王筱留，2013：157）。方法一：热收入考虑了全部入炉物料的热值、热量及放热反应，热支出考虑了未燃烧物料热值、物料焓及全部吸热反应。方法二：热收入只考虑风口前炭不完全燃烧放热，直接和间接还原中 C、CO 和 H 氧化放热，热风带入的热量，对应热支出中只考虑氧化物分解、脱硫、碳酸盐分解、炉渣、铁水、煤气焓及炉料水分蒸发、冷却水、炉体散热等耗热。对于数值模拟而言，需要考虑的是某区域内热收入和热支出的总和，即如果在某一区域既有热收入，又有热支出，只考虑其最终效果。这就简化为方法三：热收入只考虑风口前炭不完全燃烧及热风带入热量，热支出只考虑直接还原、脱硫、碳酸盐分解、炉渣焓、铁水焓、煤气焓及炉料水分蒸发、冷却水、炉体散热等耗热。方法三目前广泛地应用于数学模型分析。

我们也依据第三种热平衡编制方法对炉内气相温度场进行了模拟。

由于炉内各区域发生的化学反应不同，热收入或热支出功率无法用同一温度函数描述。简单起见，我们采用 D 型 I 式竖炉二维模型，划分区域设定透气性，鼓风温度300K；热收入或热支出推算如下：

在 Fluent 软件中，通过设定区域内单位体积热功率（单位：W/m^3）的方式控制热收入与热支出。根据第三种热平衡编制方法，单位体积热收入功率可依据 B 状态下风口前风量、木炭不完全燃烧热值来计算。

单位体积热支出功率计算如下：

根据模拟试验，由于矿石事先经过焙烧，热支出计算项只计算直接还原、碳酸盐分解、炉渣、铁水、煤气焓、炉体散热耗热，不计算脱硫、炉料水分蒸发、冷却水耗热。热支出所需冶炼负荷参考阳城犁炉的有效容积利用系数 [0.373t [铁] / (m³·d)]，并进行适当调节。热支出中的直接还原、碳酸盐分解、炉渣焓、铁水焓此 4 项耗热可参考现代高炉冶炼数据计算；炉壁散热根据石砌炉体导热率（于秋红，2009）、炉壁厚度和内外温度差计算；炉顶煤气焓即由炉顶排到炉外的热量，不用另行设定；炉内燃料与矿石的比热容根据前人研究文献数值（朱清天和程树森，2008），按古代燃料与矿石的比例计算。

　　然后按照各层带主要发生的化学反应、吸热物理变化，推算各层带单位体积热支出或热收入功率。并参照阳城冶铁试验热电偶温度结果（图6-8—图6-12），以及20世纪80年代攀钢0.8m³小风量高炉试验中，用石墨盒放置金属测温片所得炉内温度分布（图7-9）等数据进行调节，得到如下模拟结果（图7-10、图7-11）。这2幅图反映了古代冶铁模拟试验正常冶炼状态下的炉内温度分布。

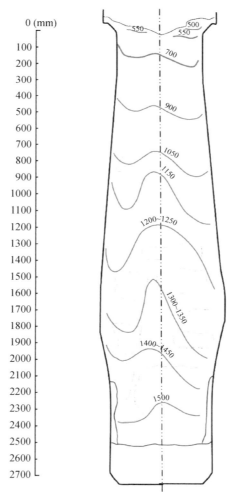

图7-9　0.8m³高炉东西剖面温度分布图（单位：℃）

资料来源：黄兴据文献（吴志华和安立国，1983）原图重绘

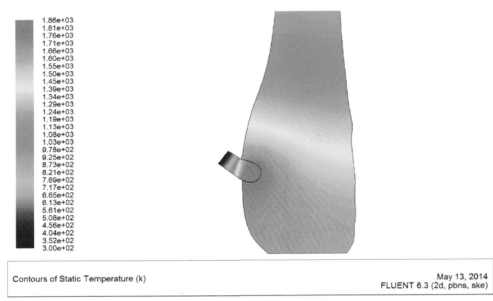

图7-10　D型 I 式竖炉内部温度场云图

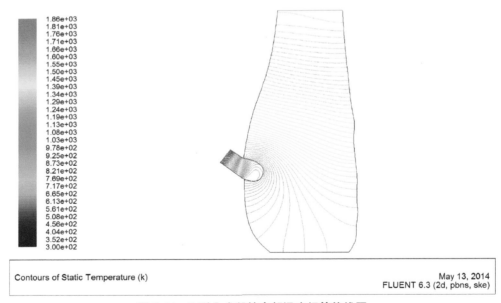

图7-11　D型 I 式竖炉内部温度场等值线图

　　由于温度场模拟中有人工设定和调节成分，此模拟结果温度值（K）可作为炉内温度场的一种可能性展示；温差分布不随调节变化，可信度较高。

　　风口前空腔产生了炉内局部最高温度；炉腹以下部分温差较小，渣铁都处于液态；炉腹中部软熔带附近温差较大，且风口一侧温度偏高，炉门一侧偏低；虽然软熔带对煤气具有整流作用，但对温度场的影响不会立即显现出来；炉腹部位等温线倾斜程度与古代冶铁模拟试验炉内侵蚀线走向（图6-15）、延庆水泉沟3号炉（图7-12）基本一致；固体块状带厚度最大，整流效果比较明显，炉顶附近等温线分布基本平缓。

　　总之，单风口鼓风不可避免地造成炉内气流场、温度场偏移；如果通过装料制度、鼓风制度的上下部调剂，可将偏移控制在可接受范围内，实现顺行、高效生产。

图 7-12　延庆水泉沟 3 号炉风口上方炉壁侵蚀走向

资料来源：魏薇摄，黄兴绘

第二节　竖炉炉型与冶炼综合分析

　　古人设计炉型没有统一的理论和标准，大体结构相似，局部结构出于种种原因有很多差异，可谓见仁见智。我们通过各种比较，可以进一步探讨并理解设计者的意图和认识。

根据前文的考察复原，结合表4-1的内容，我们进一步将A—F这六型九式炉型进行分解，对各部位的特征做了归类总结，见表7-1。

表7-1 古代竖炉炉型局部结构类型汇总

局部结构			样式			
内型轮廓	横截面		圆形	椭圆形	方形	半圆形
	纵截面	炉腰以上	敞口形	直口形	收口形	
		炉腹以下	宽炉缸	细炉缸		
风口	横截面	数量	多个	单个		
		水平角	正对炉门	侧对炉门		
	纵截面	高度	炉腹	炉缸		
		倾斜角	倾斜	水平		
炉容			特大型 （16m³以上）	大型 （8m³级）	中型 （4m³级）	小型 （2m³以下）
建炉材料			石砌	土夯		

表7-1覆盖了已发现的各种炉型，每个部位各选一项特征进行组合，便可得到整体炉型。依据此表还可推导出一些古代不存在或尚未发现的炉型，其中一些炉型是合理的，一些可能不合理，对认识古代竖炉炉型具有一定的指导意义。

结合第五章的数值模拟，我们就炉型各部位对炉内流场的影响进行对比，探讨炉型各种局部结构对冶炼的影响；再从整体探讨炉型设计与冶炼工艺的关系，以及对炉内冶炼的影响。

一、风口设置及其影响

鼓风制度是竖炉冶铁中的重要技术环节，影响着炉内煤气分布、整体运行。特别是在古代鼓风能力较弱的情况下，其成为一种限定性条件。从炉型角度来看，如何合理地设置风口数和角度是关键性因素。这一点从遗址考察和模拟试验中都得到了印证。

风口设置与鼓风器的工作效率有一定联系。如果用木扇或者皮囊这种单作用鼓风器，只能间歇式供风，即使将鼓风器做得很大来提供足够的风量，也会导致供风管有一半时间处于空置状态［图7-13（a）］，所以需要用两个来持续供风。如果用两个单作用鼓风器从两侧对吹［图7-13（b）］，占据更多的空间，也不利于协作，未见采用。

可行的办法有两种。第一种是将两个风道并排紧挨在一起［图7-13（c）］，如鼓风口为方形的延庆水泉沟2号炉（图7-14）。这样还有一个好处。冶炼时，炉内处有可能会冻结或通风不畅，需要用钢钎捅开：只有一个风口时，就得歇风，时间略长就会造成炉缸降温，重则冻结；设置两个风口则无此虞。第二种是让风道在风口外分叉，接通多个鼓风器［图7-13（d）］，如鼓风口为圆形的延庆水泉沟3号炉（图7-15）；但鼓风器内必须设有活门，防止气体在两鼓风器间往复流动。

双作用鼓风器的风口设计就比较简单了。一个风口就可以解决问题［图7-13（e）］。

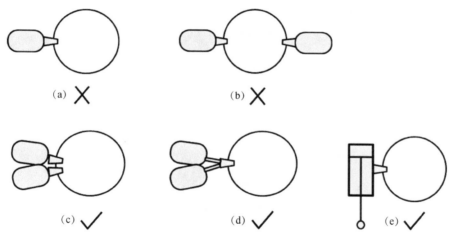

图7-13　风口设置与鼓风器配置

资料来源：黄兴绘

风口设置也和炉型水平截面形状有关。炉型水平截面形状大体可分为4种。理论上讲，圆形设计［图7-16（a）］不容易形成鼓风死角，且其面积与周长比值最大，有利于保温、减小炉壁摩擦，所以最为常见，如D型各式竖炉。非圆形设计在以上方面有所不足，特别是存在鼓风死角；但可在有限的鼓风条件下有效地加强炉内中心区域的风力，如第五章第六节和第七节数值模拟所示，典型者如B型［图7-16（b）］、E型各式［图7-16（c）］及F型竖炉［图7-16（d）］。一般情况下，采用炉型横截面都为圆形，采用单风口鼓风。

图7-14　延庆水泉沟2号炉后壁的两个鼓风口

资料来源：黄兴摄

图7-15　延庆水泉沟3号炉后壁的三个鼓风口

资料来源：黄兴摄

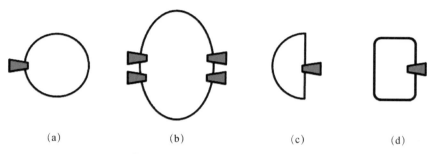

（a）　　　　　　　　　　（b）　　　　　　　　　　（c）　　　　　　　　　　（d）

图 7-16　风口布置与炉型横截面

资料来源：黄兴绘

实际上，所谓的圆形竖炉横截面也不是严格的正圆，在不同部位会有少许变化，以达到最佳效果。例如，武安矿山村竖炉数值模拟结果显示正圆横截面状态下炉门附近风力明显不足，反映出延庆水泉沟3号炉遗址炉门一侧较为平直的设计与单风口鼓风是相适应的。

若炉径过大，如B型古荥1号竖炉，需要设置多个鼓风口对称鼓风［图7-16（b）］，每个风口都连接两个单作用鼓风器或一个双作用鼓风器，且各鼓风器的风压始终保持同步才是合理的。在本书的数值模拟中，已经预设了每个风口都是持续鼓风，才能得到稳定的结果；冶铁模拟试验采用了离心式风机，作用相当于一架木扇组合或一个风箱，可以实现持续供风，这一点是冶炼顺利进行的关键之一。但实际冶炼中，风量受鼓风器、炉内透气性等共同影响，即便是现代高炉也很难保证各风口持续等量供风。多风口鼓风增加了古代冶炼的复杂程度。古荥1号炉4个独立风口要想实现等量供风，其难度可想而知。后代多采用单风口鼓风，这也是一个重要原因。

风口设置与鼓风压力和炉壁走向有关。对于A型炉的细炉缸结构，炉缸部位水平鼓风可以使气流直接进入炉体中心部位［图7-17（a）］，而且煤气径向分布也较为对称，可减轻高温煤气对炉壁的侵蚀。这一点从西平酒店竖炉现场调查看到的炉腹侵蚀状况和流场数值模拟结果中已得到印证。但炉底鼓风对风压要求较高，这一点在数值模拟中已充分证明，如西平酒店炉内全压模拟结果（图5-15）和延庆水泉沟3号炉炉底鼓风炉内全压模拟结果（图5-57）。此外，炉料重量都压在炉缸上缘的炉腹上，炉底透气性较差；中心部位透气性可能会好些，总体上对风压要求还是较高的。

炉腹鼓风对风压要求相对较低，明显具有此类特征的炉型如B型、D型各式等。提高风口位置可以减小风口到炉顶的高度差。同时将风口倾斜向下，以避免炉腹以下部分风力不足。此时，为了保证炉底气流顺畅，炉腹与炉缸之间不能有明显折线，这种鼓风方式与宽炉缸相匹配，不能使用细炉缸［图7-17（b）］。遗址考察所见炉腹鼓风竖炉都是宽炉缸［图7-17（c）］。比较而言，鼓风风口设在炉腹最宽处接近炉腰的位置是最合适的。如果偏上，由于炉身内倾，会加重壁侵蚀［图7-17（d）］；如果偏下，由于炉腹内收，炉料会压在风口之上，造成阻碍［图7-17（e）］。

如果炉体偏大或风压仍然不足，需要将炉门一侧炉壁适当内收［图7-17（f）］，如延庆水泉沟3号炉；若将风口一侧炉壁内收则加大风口下方死角，不利于冶炼［图7-17（g）］；但也有小型竖炉内收炉壁后将风口置于炉缸［图7-17（h）］，如甑炉和阳城犁炉。

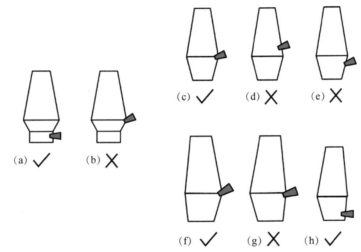

图7-17 风口布置与炉型纵截面
资料来源：黄兴绘

无论炉缸鼓风还是炉腹鼓风，单风口多设置为正对渣铁口，以防止炉门冻结，便于出渣出铁，如A、E、D型各式竖炉。但四川的C、F型竖炉则不太讲究这一点，F型竖炉的半圆形炉缸也可以将部分风力扭转到炉门方向，但效果肯定不及正对炉门状况下的风力。这可能与使用的矿料、鼓风制度、操作工艺相关，不宜做过多的优劣评价。冶铁模拟试验拍摄的炉外红外热成像照片（图7-18）也显示炉门—风口方向的温度要高于炉体左右两侧的温度；试验中，渣铁口打开较为容易，火苗有力喷出（图7-19），能够顺利出渣出铁也得益于这一设计。

图 7-18　炉体右侧红外照片

资料来源：谭亮摄

图 7-19　出铁口喷出的火苗

资料来源：黄兴摄

二、炉壁内型局部结构影响

炉腰以上竖直截面的形状有3种。收口形是最基本的炉型结构，如A型西平酒店炉、D型Ⅰ式延庆水泉沟3号炉［图7-20（a）、（b）］。煤气上升过程中温度下降、体积减小，CO浓度也逐渐降低，收口形设计可以将煤气聚拢，提高CO浓度，对炉料集中加热，促进间接还原，提高煤气利用率；同时，炉料下降过程中温度上升、体积膨胀，收口形设计有利于炉料顺行，减轻炉壁磨损，延长一代炉龄。合理的炉身角既有利于煤气利用，也有助于炉料顺行，对生铁冶炼至关重要。这是早期西方直筒形竖炉无法冶炼液态生铁，而中国古代竖炉可以冶炼生铁的重要原因。

收口形结构减小了炉壁对炉料的摩擦力，同时加大了炉料对炉腹以下的压力，影响下部炉体透气性。特别是为了提高煤气利用率，将炉高增加到一定程度，炉料重量超出了木炭耐压和鼓风压力的范围，这种影响就会变得严重。如果将炉身内倾程度整体减小，会影响煤气集中。古代的办法是炉身上段设计为直筒形乃至敞口形，让上部炉壁承受一些炉料重力，减轻炉底压力，如D型Ⅱ式焦作麦秸河竖炉、E型Ⅱ式遵化铁厂2号炉、D型Ⅲ式武安矿山村炉［图7-20（c）、（d）］。如果控制得当，则不挂料，不影响炉料顺行，就成为一种可行的设计。近代山西的犁炉就普遍采用了这种结构。

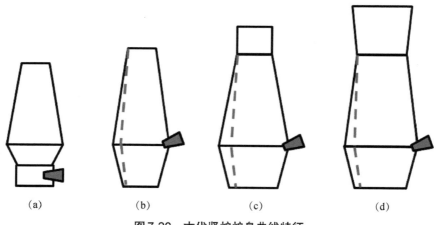

（a）　　　　　　（b）　　　　　　（c）　　　　　　（d）

图7-20　古代竖炉炉身曲线特征

资料来源：黄兴绘

炉腹以下部分的竖直截面形状有两类。其中以宽炉缸类较为常见，其炉腹与炉缸之间没有明显折角，融为一体，不需要依靠炉腹角来汇聚煤气、减轻炉壁侵蚀；其炉腹角作用和意义不同于现代炉腹角。A型细炉缸结构与现代炉型较为接近，但目前仅见于西平酒店炉一处。此两种设计与风口设置关系紧密。

综上可见，炉型各部分结构之间有组合的关系，优化组合才能发挥最大功用。对炉型类型进行评价，不能只看局部，更要看其整体结构是否优化。

三、竖炉的体量和体型

竖炉冶炼对炉型的体量有一定要求，如有一定的炉高，以保障煤气利用和间接还原；有一定的炉容、炉径，以保持炉内温度和一定的产量。

根据我们的考察，中国古代大型竖炉的炉高 5—6.4m，中型竖炉的炉高 3.5—5m，小型竖炉的炉高至少在 3m 左右。对于炉腹鼓风式炉型，有效的还原行程等于炉高减去风口高度。完成冶炼总需要足够的炉料行程，有足够长的时间来完成炉料加热、脱水、还原等过程，竖炉必须要有足够的高度。炉体越高，越有利于完成还原。

同样，古代竖炉也需要足够的直径。炉体直径越小，炉容与表面积的比值越低。这会造成散热过快，不利于炉体保温；即使增大鼓风量，强化冶炼，会导致煤气流动速度太快，相当于缩短了还原行程。而且，炉体内部木炭之间相互交叉、堆叠，木炭之间的空隙较小，与炉壁相接触的地方无法交叉，木炭之间的空隙较大，导致边际效应更为突出，煤气、炉温在四周位置过度发展。

竖炉冶铁对炉型的体型也有一定要求。其中，高径比即有效高度与炉缸直径的比，是衡量煤气利用和炉况顺行程度的指标。高径比大，有利于煤气充分利用；高径比小，有利于炉况顺行。不同类型高炉高径比计算方式不同，高径比对煤气利用和炉况顺行的反映程度也不同，需综合讨论，用"等效高径比"的概念来衡量。

现代大型高炉等效高径比 2.5—3.1，小型高炉等效高径比 3.7—4.5。这一参数是建立在现代高炉同类型炉型基础上的。与现代炉型最接近的是 D 型 I 式圆形收口形竖炉，如延庆水泉沟 3 号炉等效高径比约 2.38，A 型西平酒店炉等效高径比约 2.10，与现代大型或特大型竖炉相当。

D 型 III 式圆形收腰敞口形竖炉如武安矿山村炉等效高径比约为 2.89。敞口式设计相当于在收口形炉顶上增加了一个敞口，延长了炉程。提高了煤气利用率，增加了炉壁对炉料的支撑力。

非圆形收口形竖炉，如 B 型椭圆形炉、E 型长方形炉、F 型半圆形炉，其设计初衷是为了使气流容易进入炉心。但非圆形截面的水力直径（流体流道截面积与润湿周边长度之比的 4 倍）小于同等规模的圆形竖炉，等效高径比大于圆形收口形竖炉，但炉程没有增加，煤气利用率没有提高，结果反而影响炉料顺行。

古代竖炉高径比普遍低于现代小型高炉，有利于炉料顺行，不利于煤气利用。古代竖炉设计总体取向首先是具有一定的体量，能够生产生铁。将高径比控制在较低的范围内，保持顺产和稳产，减少悬料、崩料等事故；煤气利用率因此被降低，但可通过提高冶炼强度予以补偿，如阳城犁炉和云南果园村竖炉，以及我们在阳城的冶铁试验。在实现稳产的基础上，通过增加高径比，提高煤气利用率提高产量，即逐步实现"能、稳、高"的生产目标。

可以认为，古代同类竖炉炉型的高径比数值越大，维持竖炉顺行的工艺水平越高，煤气利用率越高，其综合水平越接近现代小型高炉。但实际生产中，炉型设计受到外部条件限制，降低效率实现稳产，更加符合实际需求。炉型的合理性不能单纯依靠效率来衡量，需要综合考虑。

四、炉型与燃料和鼓风量

炉型服务于冶炼，与燃料、鼓风等要素存在较为密切的关联。现代高炉炼铁技术已经发展成熟，各种技术要素基本定型，其相互影响的方式不易体现。古代竖炉冶铁的各种要素尚处于发展状态，设计者们见仁见智，并无统一标准。通过比较，相对容易看出炉型与燃料、鼓风等要素之间的影响机制。

我们回到本书第五章第一节的内容，从云南罗次县果园村竖炉和山西阳城犁炉的生产数据接着谈起（表7-2）。

表7-2　阳城犁炉与罗次果园村竖炉的冶炼参数比较

序号	参数（单位）	果园村炉	阳城犁炉	比值
1	炉高（m）	6	3	2
2	风压（Pa）	3500	2000	1.75
3	炉容（m³）	9	1.8	5
4	总风量（m³/min）	36.51	7.6	4.8
5	单位炉容风量（m³/min）	4.06	4.22	0.96
6	单位燃料耗风量（m³/t）	5469	3260	1.68
7	冶炼强度[t[燃料]/（m³·d）]	1.069	1.87	0.57
8	吨铁消耗燃料（t）	6	4.67	1.28
9	生铁产量（t/d）	1.4	0.671	2.09
10	有效容积利用系数[t[铁]/（m³·d）]	0.156	0.373	0.42

　　表7-2中，第1—5项的数据显示出这两座竖炉的一些共性，即炉高之比与风压之比相近，炉容之比与总风量之比也相近，单位炉容风量基本相同。即炉体大小不同造成了累积量存在差异，但非累积性的量基本相近，炉内冶炼状态基本相同。但情况从第6项开始改变，两种竖炉的单位燃料耗风量出现了显著差异，其主要原因是果园村竖炉采用了大量木柴做燃料。明代《天工开物》也记载用硬木柴作为炼铁燃料（宋应星，2018：16A），这给了我们启示。

　　阳城犁炉所用木炭的烧制标准是"三茬七炭"，即木炭不烧透，内部保留约30%的木质部分，目的是增加木炭的抗碎和耐磨强度，强化料柱支撑作用，防止炉内粉粒过多，阻碍煤气上升。一般干木柴完全燃烧的燃烧值为1.2×10^7J/kg，木炭燃烧值为3.4×10^7J/kg；前者大约是后者的35%。"三茬七炭"一定程度上抬高了燃料消耗量。木炭挥发分比较高，堆烧10%—17%，窑烧20%—27%；焦炭挥发分0.6%—1.9%（拉姆，1987）。阳城犁炉采用"三茬七炭"提高了木炭挥发物比例。挥发物中H元素占很大比例，H燃烧单位质量耗风量是C不完全燃烧的6倍，完全燃烧的3倍。尽管木炭灰分比焦炭低（木炭1%—2%，焦炭13%—17%）（巴甫洛夫，1957），但仍然显著抬高了每吨木炭耗风量，这也是木炭竖炉单位炉容风量大于焦炭竖炉的原因之一。由于阳城犁炉是小容量竖炉（$1m^3$级），供风可以及时跟上，所以最终结果表现为高强度、高风量。

　　云南果园村竖炉炉容大，不仅耗风量大，而且对料柱支撑力度要求也高，为此该冶铁场使用了大比例木柴（10/11）。这导致燃料耗风量增加，发热量降低，人力鼓风不能满足风量需求。云南果园村竖炉风量需求参照现代同等容积高炉的冶炼强度[1.3—1.8t[焦]/（$m^3 \cdot d$）]，为44.4—61.5m^3/min，参照阳城犁炉的冶炼强度[1.87t[木炭]/（$m^3 \cdot d$）]，为63.8m^3/min，而实际上果园村竖炉鼓风量只有36.51m^3/min。

　　从表7-2中可以看到，由于鼓风跟不上，该炉的冶炼强度[1.069t[燃料]/（$m^3 \cdot d$）]和竖炉有效容积利用系数只有阳城犁炉的一半左右。果园村竖炉的炉容是阳城犁炉的5倍，而生铁产量却只有后者的2.09倍，大炉容的优势并没有发挥出来。

　　对云南果园村竖炉而言，最直接的解决办法当然是使用木炭，减少或避免使用木柴。但之所以使用木柴，必是缺少栎树等硬质林木，那只能增加鼓风量。1958年调查时，该厂因此正建造水力鼓风设备，但尚未投入使用；周围其他多家铁厂已经用水力鼓风。

　　竖炉冶铁消耗大量木炭，而所需的硬质树种生长缓慢，很容易出现木炭资源不足的情况。这些问题在古代也应该存在。古人在处理燃料方面，特别是炉体较高的竖炉，可能也采用了"三茬七炭"，或搭配木柴的方法，或是用大块木炭，如我们考察河南南召宋代冶铁竖炉时注意到，炉壁上的木炭印记达12cm×4cm（图7-21）。此外，古代竖炉的炉型设计也有助于解决燃料强度不足的问题。如第七章第一小节所述，D型Ⅱ式焦作麦秸河宋代竖炉、E型Ⅱ式遵化铁厂明代竖炉，其炉腰以上呈明显的直筒形，炉壁用大块石块围砌，让上部炉壁承受一些炉料重力，减轻炉底压力。甚至像D型Ⅲ式武安矿山村竖炉将炉腰上部做成敞口，来托举顶部的炉料。如果控制得当，不挂料，不影响炉料，就成为一种可行的设计。近代山西的犁炉也普遍采用了这种结构。从罗次果园村竖炉的调查资料来看，其炉型（图7-22）与刘云彩依据《广东新语》复原的佛山竖炉炉型（图1-9）基本一致（刘云彩，1978）。这种炉型炉腰以上呈收口状，有利于炉料下行，但不利于减轻炉底压力，这可能是果园村冶铁场采用大比例木柴做燃料的原因之一。

图7-21 河南南召宋代竖炉内壁木炭印记

资料来源：黄兴摄

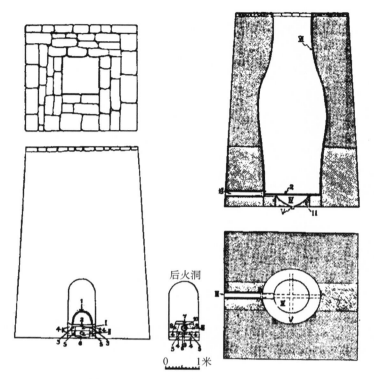

图 7-22　果园村冶铁炉正视图及剖面图

Ⅰ炉火口门；Ⅱ出铁水口（封口）；Ⅲ风管口；Ⅳ铁水池；Ⅴ排水沟；Ⅵ耐火泥沙

资料来源：黄展岳和王代之，1962

第三节　竖炉炉型演变与传播

一、古代炉型演变趋势总结

根据前面的认识，我们可进一步梳理炉型演变过程，探讨炉型演变与外部条件的关系，分析演变的影响因素，力图打通各种关联，形成动态历史图景。

我们将第四章复原的六型九式古代竖炉炉型的复原进行对比，结合炉型对冶炼影响的分析，绘制了已有炉型的可能演化关系（图 7-23）。当然，这些炉型分布于不同的地区，它们之间的关联程度有待探讨。该演化关系图只是从相似性角度提出炉型间的技术关联。随着将来更多炉型被发现，这种关系会被充实、细化乃至修改。

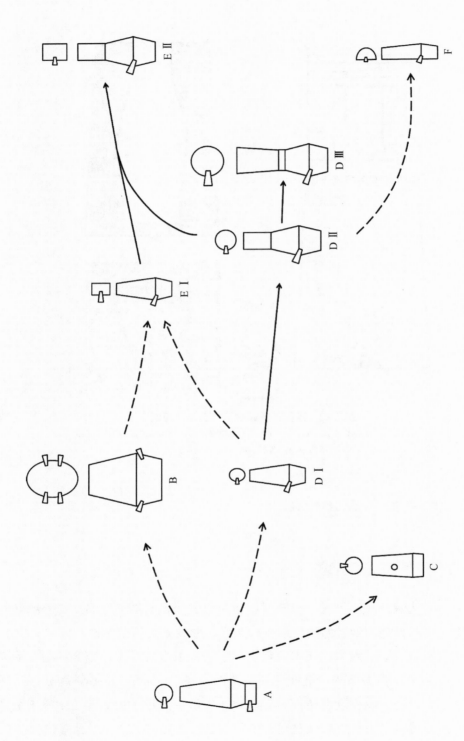

图7-23　中国古代冶铁竖炉炉型演化图

资料来源：黄兴绘

中国古代竖炉在炉腹角、炉身角的形成，风口位置和角度的改变，炉容的增大与减小以及横截面形状等方面存在显著的演变过程。这种演变一方面出自对顺行、高产的追求，另一方面与木炭强度、鼓风技术、筑炉材料等外围支撑技术水平密切相关。下面把各时代的炉型特征及演变与这些技术综合在一起进行讨论。

为了实现炉料顺行和煤气高效利用，很早就设计了炉身角，从唐宋之交起，中原地区开始用石质炉壁替代夯土炉壁，进一步强化这种结构；同时将炉体高径比控制到合理范围，在冶炼的稳定与效率之间形成平衡。由此，炉体下部压力会随之增加，影响气流分布和炉缸活跃状况，古代采取的对策有设计炉腹角、直筒炉身，使用大块硬质木炭或木炭与木材混合燃料以及使用强静压、大风量鼓风器。宋辽时期普遍采用的倾斜风道在炉体下部形成漩涡，也可以有效改善炉缸气流分布。

在这些策略的支持下，人们为了进一步提高产量转而扩大炉容，在不同的鼓风保障条件下，汉代和宋代先后出现椭圆竖炉和敞口式炉身的设计方案。汉代中原相对其他地区形成了明显的技术优势，宋辽时期这一差别不再显著，但中原地区仍体现出了较强的创新能力和技术自信。同样，四川荣县曹家坪竖炉奇特的半圆形竖炉也是一种技术创新之实践。

二、先秦炉型的探索

目前学界多认为中国古代冶铁竖炉源于冶铜竖炉，但冶铁竖炉究竟何时出现尚无定论。春秋战国时期生铁冶炼遗址主要分布在河南、山东两地（表1-1）。从公元前7—前8世纪山西天马曲村生铁残片、江苏六合程桥春秋晚期吴国墓地生铁丸、《左传》"昭公二十九年"记载公元前513年晋国用铁铸刑鼎来看，最迟在公元前6世纪前后，中原及周边地区多已开始冶炼生铁，冶铁竖炉也随之出现。

春秋时期楚国的青铜冶铸技术已经高度发展，铜绿山冶铜竖炉（图1-2）高约1.4m，尚不足以冶炼生铁，但复原显示其炉型结构已经具备了冶铁竖炉的雏形。冶铜工匠们凭借经验和探索精神将其加高加大，是有可能冶炼出生铁的。

对于中国古代为什么能够发明生铁，学界从多角度做了探讨，主要包括从制陶、铸铜等工艺中积累的高温技术，冶铜发展而来的竖炉技术和鼓风技术，以及形而上的通过铸造方式制作金属器的工艺传统或技术取向等。对这些问题的讨论超出了本书研究范围，受篇幅和能力所限，我们主要从炉型角度进行适当探讨。

已发现的竖炉的炉径都在 1m 以上，已具有一定的体量。但能够完整复原的只有西平酒店竖炉一处，该炉已经表现出很高的技术水平，可将其视为该时期竖炉的一个代表。

但西平酒店竖炉炉型的出现不是偶然的，必然存在一个发展演变过程。此时期已发现的冶铁遗址有 13 处，上起战国中期，部分遗址延续至汉代。由于年代久远，残损严重，相关调查文献中对炉型描述不够，无法对这一时期竖炉做全面研究。但从湖北大冶铜绿山春秋冶铜竖炉、四川蒲江古石山汉代小型冶铁竖炉来看，此两竖炉有一定的炉身角、炉腹角，不过都不明显。

早期竖炉都用夯土筑成。炉身角受夯土的抗剪强度影响较大。抗剪强度可分为两部分：一部分与颗粒间的法向应力有关，其本质是摩擦力，与土的初始空隙比、土粒形状、土的颗粒级配和土粒表面的粗糙度等因素有关；另一部分是与法向应力无关，属于黏聚力。夯土材料特别是在高温下，其抗剪强度不高，进而导致了竖炉炉身角不够明显，并成为夯土竖炉的普遍现象。相比之下，夯土的抗压能力并不低，炉腹角可以较为明显。

A 型的西平酒店竖炉利用和发挥了夯土材料的这些性能特征，代表了当时炉型设计的最高水平。

西平酒店竖炉从炉缸进风，具有明显的炉腹角，使得气流直接进入炉心部位，减少炉壁损蚀，有利于延长炉龄；采用夹砂方式提高了炉腹以下炉壁夯土材料的抗压性能，有利于整体炉身的提高；炉身内收也符合冶炼需求。通过前文的分析，西平酒店竖炉对鼓风压力的要求较高，反映出当时的鼓风技术已经达到一定水平，且已经使用了带活门的皮囊鼓风。

三、汉代炉型大型化

在知识积累、社会需求和国家政策等因素推动下，汉代中原地区冶铁竖炉取得了很大的发展。郑州古荥、鲁山望城岗、巩县铁生沟等遗址规模巨大，体现出汉代人对铁产量的迫切需求。在炉型上，他们也做了扩容探索。汉代炉型并未沿着西平酒店竖炉的路线发展，而是走上了另一个方向。郑州古荥竖炉属于 B 型竖炉，大幅增加炉体直径，采用椭圆式炉型减小风口到炉心的距离；将风口提高到炉腹，炉高也随之增加。

大炉容、高炉体所面对的直接问题就是鼓风能力。增加皮囊数量、体积，采用多人强力鼓风提高风压。此后，又发明了水排和马排，突破了人力鼓风风量的瓶颈限制，鼓风功率成倍增加，为扩大炉容，实现增产、提效提供了保障。B型竖炉若用人力鼓风，根据我们的模拟分析，至少需要12—16人同时操作。使用水排或马排则可节约大量劳动力，降低了生产成本，提高了生铁对块炼铁的市场竞争力。

任何一项系统性的重大发明都具有一定的技术背景和形成、完善的过程。古文献将水排与马排的发明归功于个人，实际上在其背后必然有合作群体，存在一个积累时期。从个例来看，虽无考古证据直接说明古荥竖炉使用了水排或马排，但东汉已用水排冶铁是确信的，水力鼓风与B型竖炉之间存在时代对应关系。

鲁山望城岗汉代冶铁遗址椭圆形竖炉的炉容也很大，同属于B型竖炉；同时期其他地区这种特大型竖炉并不多见，多见的是直径2m以内的中小型竖炉；后世再未发现这样的大型竖炉，且鲁山望城岗遗址西汉椭圆大炉之上叠压了东汉倒梯形炉。这表明B型炉是为追求"高产"而设计的一个探索方向，反映了汉代竖炉冶铁技术发展动向。

此外，从古荥1号炉将风口提高至炉腹可以推测出具有类似特征的D型Ⅰ式炉很可能在汉代已经出现，用土夯筑，其炉身角不及水泉沟3号炉明显，更不及D型Ⅱ式、Ⅲ式炉，但比古石山C型炉内收明显，体量也更大。

水力鼓风受地理、季节、水文的影响较大，不如人力鼓风方便。所以，中小型竖炉在各个时代都普遍使用，分布广泛。

四、唐宋辽炉型多样化

考古调查显示，这一时期内筑炉材料、鼓风技术再次发生了重大改变，衍生出多种炉型，竖炉冶铁技术也传播到了中原以外的地区。

唐代竖炉仍使用夯土筑成，炉身曲线变化有限。武安冶陶镇马村1号遗址点唐代竖炉、武安经济村外围五代夯土竖炉都是如此。这种情况在唐宋交接之际发生了重大改变。

武安经济村竖炉内下部用石块重新砌筑，改造利用原有夯土竖炉，表现出过渡的现象；该遗址周边的武安矿山村宋代竖炉已经直接用石块砌筑；再远处的焦作麦秸河竖炉、南召下村竖炉、武安固镇古城遗址竖炉，以及北京延庆水泉沟、汉家川、四海辽代遗址，乃至河北承德蓝旗营辽代遗址等 D 型炉都使用石块砌筑。

这些竖炉一方面继承了原有的炉腹倾斜鼓风方案，在炉腰以上又发展出了多种形态。D 型 I 式延庆水泉沟 3 号竖炉炉身明显收缩，虽然收缩程度到炉顶逐渐减小，仍可视为收口形。D 型 II 式焦作麦秸河竖炉炉腰显著收缩，上部炉壁已经较为平直，加强了多炉料的支撑作用。D 型 III 式武安矿山村竖炉炉腰急剧收缩，炉身以上又适当向外敞开，支撑炉料的目的显而易见。这三者的演化关系非常明显。

此时期炉型演变与鼓风技术、砌炉材料以及木炭强度的关系之间有重大关联。

唐宋时期，竖炉冶铁已经使用木扇、风箱等硬质封装鼓风器。此类鼓风器可承受更高气压，也能做得更大；采用水力或多人驱动，产生很高的风压和流量；采用活塞式结构，依靠活塞板往复运动鼓风，机械效率高于皮囊式鼓风器，实现了鼓风器性能第四次大幅提升。这为提高炉体高度、扩大炉容提供了鼓风技术保障。

由于木炭材料耐压、耐磨等强度性能所限，炉料自身所能支撑的炉料高度有限，这一瓶颈在当时未能突破。如前所述，这一问题是通过调整炉身曲线、增加炉壁对炉料的支撑力度来解决的。

石砌竖炉的炉型在纵截面的变化上比夯土竖炉更加多样，其重要原因是石料的抗剪强度远高于夯土，特别是在高温状态下这一特征尤为重要。这使得石砌炉体对炉身角的限制放宽，炉型设计自由度增加。那石砌炉体是如何防止渗漏、裂隙、石块爆裂的呢？石砌竖炉炉体坚固，时代相对较近，留存下来的比较多。从考古发现来看，建炉工匠采用了多种措施，例如：炉壁内侧高温部位，一般使用加工过的石块严密砌筑；外侧用加大的石块围砌；之间加入碎石黏土捣实。这在延庆水泉沟 1A 号炉和 3 号炉上得到充分体现。

D 型 III 式武安矿山村竖炉是这一时期的典型代表，是继汉代大型椭圆形竖炉之后又一次扩容设计。延庆水泉沟 2、4 号炉以及 1 号炉改建后的内形都可视为长方形，炉身收口，采用单风口斜吹，属于 E 型 I 式炉；黑龙江阿城也有方形冶铁炉，未见炉后风道，是否冶炼生铁尚无直接证据。从类型比较看，延庆水泉沟方形炉像是东北地区方形炉与中原收口形圆形炉相结合的产物。

此时期内，北方地区已经出现了多处生铁冶炼遗址。北京延庆大庄科辽代冶铁遗址群的发现，证明了辽国已经完全掌握了竖炉冶炼生铁的技术。文献中也有相应的记载。《辽史·食货志》记载，阿保机即位可汗的第五年（921 年），"征幽蓟，师还，次山麓，得银铁矿，命置冶"。947 年，契丹一度占领后晋首都开封，夏竦在《文庄集》

中记载："幽蓟陷敌之余，晋季蒙尘之后，中国器度工巧衣冠士族多为犬戎所有。"契丹在阿保机建国并对中原用兵成功之后，受中原地区先进技术的影响，其手工业获得十分明显的发展和提高。

南方地区仍然使用夯土建炉，但经过考古发掘或调查的遗址数量较少。笔者实地考察过的有四川荣县曹家坪竖炉。其半圆形设计非常独特，体现出设计者为改善炉心风力所做的创造性尝试。

五、明清时期竖炉

明清时期中国传统竖炉存留不多，目前已发现的遗址只有遵化铁厂、遵化松棚营及湖南永平平田竖炉。《广东新语》记载及20世纪中期的调查显示，南方竖炉多为土夯，大型竖炉外面用木材围聚（屈大均，1985；史树青，1960；成都文物考古研究所和蒲江县文物管理所，2008；成都文物考古研究所和邛崃市文物保护管理所，2008）。

根据我们的分析，认为遵化铁厂竖炉属于E型Ⅱ式，兼具方形特征和直口形特征。

已发现的明清冶铁遗址及竖炉遗址的数量明显少于汉代、宋代。这似乎有悖常理。可能明清以后人口剧增，活动频繁，炉址破坏严重，也可能是其他原因，待以后继续研究。

综上，中国古代冶铁竖炉随着鼓风技术、筑炉材料等相关技术的改进，先后演变出了多种炉型，逐步追求和实现"能、稳、高"三个层次的生产目标。从历史发展角度来评价一种炉型是否先进，要结合其外部条件，看其是否在相应的条件下实现了优化组合，炉型是否合理适用。

从地域分布看，已发现的较为先进的炉型主要集中在华北、华中等古代经济、文化较为先进的地区。古代此区域内经贸、战争、人口迁移等都很频繁，生铁冶炼技术传播也应该很频繁。但结合各地建炉冶铁所用原材料的差异，同一时期内炉型大致接近，略有差别。这一点在D型各式炉上体现得较为明显。东北、西南地区与中原相隔较远，但这些地区冶铁活动也不少，积累了一些经验，出现了比较独特的炉型。

炉型地域分布有赖于新炉址的发现，早期炉型传播问题可以和生铁制品的传播相结合进行研究。

第四节　中欧冶铁炉炉型发展初步比较

关于国外冶铁炉的发展，已在第一章中陈述。本节对中外冶铁炉炉型演变进行比较，对其推动因素进行讨论。

国外冶铁炉的发展可分为块炼铁炉和竖炉（高炉）两部分。块炼铁炉炉型如第一章第二节中所举诸例，多为半地穴的碗式结构，较为矮小，不利于高温的形成和保持，无法冶炼生铁；与中国古代冶铁竖炉不属同一体系，其差别显而易见。近代以来，国外学者对欧洲高炉炉型演变做了不少研究，形成了较为一致的观点。在本章，我们以德国学者总结的欧洲竖炉炉型演变（Gilles，1952）为例（图7-24），将欧洲高炉与中国古代竖炉的发展进行比较。

13世纪以前，欧洲早期冶铁炉多为直筒形（图7-24之1—4型），比较原始，且炉容多为1.6m³以下，炉高2.0m以下。这种炉型可算作竖炉，但很难炼出液态生铁。

14—17世纪，欧洲竖炉呈3种类型。第一种是将直筒形竖炉加高、加大，如图7-24之5、7型。第二种是宽炉缸收口形，如图7-24之6、10型，与中国战国汉代C型竖炉接近。第三种是细炉缸收口形，如图7-24之8、9型，与中国战国晚期A型西平酒店竖炉炉型接近。

18世纪欧洲工业革命以后，欧洲竖炉炉型（图7-24之11—14型）发展迅速，有细炉缸收口形和宽炉缸收口形两类，分别与中国A型和D型Ⅰ式竖炉接近。炉高达到6m以上，炉容7—8m³，高径比超过中国的炉型，反映其操作工艺水平和煤气利用率超过中国古代竖炉。

19世纪以后，欧洲炉型逐渐发展为现代五段式高炉，有高瘦型和矮胖型两类，炉容、有效容积利用系数得以大幅提高，综合能耗显著降低。钢铁工业迅猛发展，推动了工业革命进程。

总体来看，中国战国汉代时期炉型技术种类丰富，设计先进。特别是西平酒店细炉缸式竖炉，领先了西方近两千年，这从炉型方面解释了中国古代为什么那么早就发明了生铁。宋辽时期炉型第二次大发展，出现了很多新的炉型，依然领先西方。这也是此两时期全社会科技创新力高涨的体现。明代起，炉型发展缓慢，欧洲炉型开始发展；清代中期开始落后于欧洲。

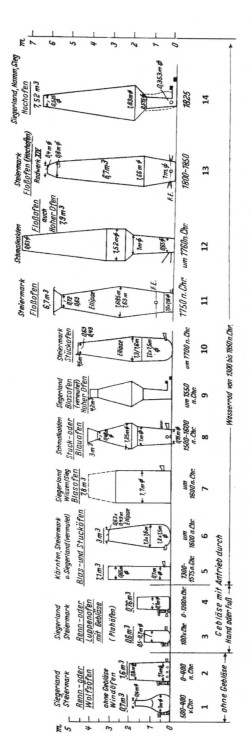

图 7-24 欧洲近代前冶铁炉炉型演变（炉型序号为笔者加注）

资料来源：Gilles, 1952: 407-415

在本章中，我们简要模拟了欧洲近代细炉缸型竖炉（炉容 3m³，单位炉容风量 4m³/min）炉内气流场图（图 7-25、图 7-26）和现代矮胖型五段式高炉（炉容 2500m³，单位炉容风量2.5m³/min）气流场（图7-27）。

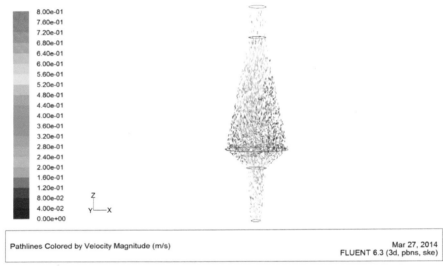

图7-25　欧洲近代竖炉气流场速度矢量图

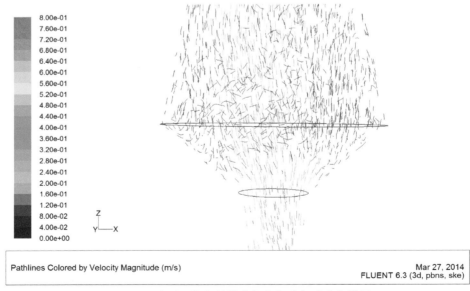

图7-26　欧洲近代竖炉炉腹部位气流场速度矢量图

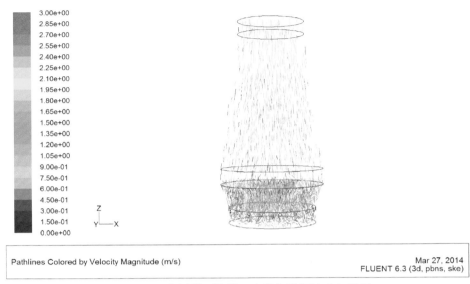

图7-27　现代矮胖型多风口高炉气流场速度矢量图

对比欧洲近代竖炉气流场图（图7-25）与西平酒店竖炉流场速度流线图（图5-15），可见两者多有相似之处：炉腹向下内收明显，可以支撑炉料，减轻风口压力，有助于气流从底部直接进入炉心，减轻煤气对炉壁的侵蚀；炉身向上适当内收，维持炉料顺行。与图7-27相比，若增加西平酒店竖炉的炉径、风口数和高度，就变成现代五段式高炉。西平酒店竖炉、欧洲近代炉型与现代高炉的基本认识是一脉相承的。

欧洲炉型快速发展的原因可以从很多层面来探讨。如前所述，炉型及其演变与鼓风技术、燃料强度、筑炉材料关系密切，既受后三者的制约，又被其推动。欧洲竖炉炉型的发展也存在这种因素。

古代中国在鼓风器设计、鼓风动力利用等环节处于全面领先位置。此期间炉型设计在科学、合理和适用性等方面的发展也是领先的。欧洲主要使用技术比较成熟的皮木结合的木囊式鼓风器，属于摆动平囊式鼓风器；16世纪中期德国工匠将木囊改造为全木质结构（李约瑟，1999：165），成为类似于中国木扇的摆动活塞式鼓风器；使用大型水轮驱动，鼓风性能得到极大提高。该时期欧洲鼓风技术对炉型的发展不构成阻碍，且促进作用逐渐增强。

近代以来，随着欧洲对外扩张和工业革命的兴起，钢铁需求量大增，有限的森林资源不足以维持日益庞大的钢铁产业。17世纪后半期，英国开始尝试用焦炭炼铁；18世纪初，通过增强风力，焦炭炼铁得以实现。焦炭的耐压、耐磨强度远高于木炭，炉高的限制得以摆脱。随着蒸汽机的应用，鼓风原动力摆脱了对水流和季节的依赖。焦炭和蒸汽机的应用使得炉型获得了广阔的发展空间，逐渐演化成现代五段式高炉。

明清时期，中国科技创新力陷入低谷。竖炉冶铁依然以木炭、人力鼓风为主；虽然存在焦炭冶炼、水力鼓风，但其性能并未显著提高。竖炉炉型长期沿用炉腹斜吹式竖炉、敞口式竖炉，没有再取得大的突破性进展。山西等地则发展起了操作工艺相对简单的坩埚生铁冶炼技术。冶铁技术创新动力和能力严重缺失，中国的竖炉冶铁技术水平大体停滞在宋代。

1890年，中国首家现代钢铁企业——汉阳铁厂成立，引进欧洲炉型技术冶炼生铁。民间很多地方沿用传统炉型，采用木炭、冷风、原矿冶炼生铁，使用木扇或风箱人力鼓风。传统竖炉炼铁工艺在部分地区被沿用到20世纪80年代。

第八章

结　语

　　本书以田野资料为主，文献资料为辅，收集了现存的大部分古代冶铁竖炉炉型资料，依据炼铁原理和实地经验复原了9种竖炉炉型；采用数值模拟方法分析了各种炉型结构的技术内涵，开展了古代竖炉冶铁模拟试验，验证了复原和模拟所用的依据，获得了一些古代生铁冶炼半定量数据，对竖炉冶铁有了较为全面和深刻的认识；探讨了古代鼓风技术发展状况、炉型对冶炼的影响、炉型演变及其原因，并对中西方竖炉炉型发展做了对比。主要结论如下。

　　第一，古代竖炉各个部位都具有多种类型，组合成多样的炉型结构，具有丰富的技术内涵，体现出中国古人对炉型技术以及生铁冶炼有了较深的认识。

　　古代冶铁竖炉炉身曲线、水平截面形状及风口设置等互相配合，协调发展，并受到鼓风技术、炉料性质、建炉材料等因素的影响，在炉缸、炉身、炉口、风口和横截面等部位都发展出多种类型，通过不同类型的组合，先后形成了9种炉型，即细炉缸收口形、多风口椭圆形、小型微收口形、单风口收口形、直口形、敞口形、半圆形收口形、长方形收口形、长方形直口形等。从历史发展来看，战国时的细炉缸收口形竖炉设计先进，但炉高受风压限制明显；汉代可能已有炉腹斜吹式结构，并一度发展出多风口大型竖炉；唐宋以后木扇鼓风提高风压，石砌炉体提高抗剪性，炉型高径比增加，并出现直口式和敞口式炉型；明代方型直口式可视为方形收口式与圆形直口式的组合。各种炉型在不同程度上应对了强化炉心供风、均衡煤气径向分布、集中煤气提高间接还原比例、减少热量散失、有限条件下保持适当高径比、顺应炉料膨胀下降、调节炉底料层压力等冶炼要求。

　　第二，中国古代鼓风技术发展较快，为生铁的发明和炉型的发展提供了有力支持。

　　中国古代冶金鼓风技术在青铜时代已经达到一定水平；汉代以前已经采用自动活门，能产生较强的风压，维持较高的炉体高度；汉代开始应用水力、畜力鼓风，提高了鼓风量，推动了炉型的大型化发展；唐宋期间开始采用木质封装，提供更高的鼓风压力，有利于增加竖炉高径比，提高煤气利用率和生产效率。

　　第三，各时代都存在多种炉型，其先进炉型体现出逐渐改进的演变过程，演变的原因有对生产率的追求、鼓风技术等外部条件制约与推动等。

古代冶铁竖炉炉型的演变体现在多个方面，如由炉底鼓风向炉腹的转变、扩容—减容—再扩容的转变、炉身稍微内倾—直线内倾—先内倾后直口或敞口的转变等。炉型的形成和演化的原因有很多，有追求高生产率，对炉内流场认识水平的提高，鼓风技术、筑炉材料、燃料强度等客观条件的制约和推动等。

第四，炉型设计为古代生铁生产提供了有力的技术支撑，有助于实现顺行稳产及追求高产等不同层次追求。

中国古代早期竖炉即具有了一定的体量和初步的炉型曲线，能够实现矿石还原和渣铁液态分离；在此基础上，设计适宜的高径比和炉身曲线，以及调节风口位置、角度等方式，保障炉料顺行，减少悬料、崩料等事故，追求稳定生产；伴随着鼓风技术、建炉材料等的改进，又采用增加炉程、提高冶炼强度等方式增加间接还原率，提高产量。

第五，本书所采用和设计的数值模拟与冶铁试验相结合的研究方法能揭示炉型的技术内涵。

本书借鉴了 CFD 技术，针对古代竖炉类型复杂、基本数据缺乏的客观情况，设计了"极限值"加"中间值"的三维模拟边界条件组合、"分层带"二维模拟的两步法模拟方案，通过比较来揭示炉型功能，这种研究路线是行之有效的，实现了流场分析可视化、模拟结果半定量化的预期目标。

通过试验，表明我们在复原中依据遗迹现象推测炉型的结果符合实际情况；验证了推算的古代生铁冶炼工艺半定量数据与现实冶炼相符，炉体解剖发现的各种现象也支持了数值模拟的结果。这对今后研究中准确把握古代生铁冶炼技术水平和生产工艺提供了实践依据。

第六，古代竖炉炉型设计及其演变深刻地体现了工匠的技术创新能力，展现了民族融合背景下的技术传播过程，展示了钢铁技术与国家兴衰、人类社会之间的关联。

中国在战国时期已经具有与欧洲近代高炉、现代五段式高炉相似的炉型，有能力稳定冶炼生铁，这是战国时期中国能开始进入铁器时代的重要原因。两汉时期，得益于鼓风技术、建炉材料等的进步，炉型向大型化发展，生铁产量、生产技术以及组织能力都显著提高。铸铁脱碳钢、炒钢、百炼钢、灌钢、贴钢技术先后涌现，生铁及生铁制钢技术体系基本形成。这一技术体系有力地促进了农业、交通、手工业产业的发展，支持了当时的国家战略需求，推动了汉帝国在世界范围内率先实现了全面铁器化。汉武帝时期，全国设立49处铁官（大型钢铁厂），建立很多大型竖炉冶炼生铁。

相比之下，四周的邻国只能生产块炼铁或从汉朝进口生铁。与匈奴的长期战争中，汉王朝在钢铁资源方面占据了绝对优势，凭借雄厚的国力赢得了最终的胜利。

唐宋时期北方的冶铁竖炉改用大石块砌筑，炉体强度、耐侵蚀性显著提升。在炉型上，由此而产生的显著变化是高径比增加，炉身以上炉型曲线变化更为丰富。河北武安矿山村北宋竖炉高达6.3m，是现存最高的冶铁竖炉。其炉型构造更为复杂，弥补了炉高带来的燃料强度、鼓风能力不足的问题。这充分体现出中原地区竖炉冶铁技术的深厚积累、创新能力和技术自信。

长城以北地区在经历了南北朝、五代十国的民族、文化、科技大融合之后，钢铁技术得到跨越式发展。辽南京地区即燕山地区的生铁冶炼技术水平与华北中原地区已经很接近，与中原地区相比没有显著代差。这意味着中原王朝自汉代以来长期占据的钢铁资源绝对优势不复存在。这个千年未有之变局是宋与辽金等北方强国抗衡时长期处于守势的重要原因之一。明代以后，中国社会整体创新能力下降，鼓风、燃料等关键技术环节没有取得突破性进展，炉型设计水平基本保持在宋代。

13世纪早期，中亚和欧洲冶铁竖炉普遍采用方形竖炉。这一炉型更早发现于燕山地区，并明显受到了中原技术的影响。欧洲生铁冶炼技术与西辽国、后西辽（起儿漫王朝）是否有关联值得进一步探讨。此后，在技术、资本和市场的推动下，冶铁业在欧洲得到快速发展。工业革命以后，逐渐发展出近代炉型和现代五段式炉型。中国不仅失去了钢铁资源战略优势，而且远远落后于西方，形成了巨大的代差。这又是一个千年未有之变局。中国又一次陷入了民族危难之中。清末洋务运动的一项重要内容便是引进西方技术建立新式钢铁企业，例如张之洞主持建立的汉阳铁厂。中华人民共和国成立后，"大炼钢铁"运动体现了中国人对钢铁在国家安全、社会发展方面的重要性有着充分认识和迫切追求。但群众运动弥补不了数百年来形成的科学和技术差距，制度改革、技术引进与创新才是可行的道路。

改革开放后特别是进入21世纪以来，中国钢产量（产能）持续快速提高，超过其他所有国家的总和，支持了中国经济高速发展。今后如何解决产能过剩、环境污染和高级钢材短板同样有待于制度改革和技术创新。

学无止境，本书属于阶段性的研究成果，一些认识相对粗浅，期待读者不吝赐教，共同推进本领域研究。

古代留存下来并为今人所调查到的资料只占很少一部分。本书的主要资料收集、数值模拟和冶铁试验完成于博士就读期间，部分资料为之后收集，经过多年沉淀、思考、交流，不断积累而成。近年来的一些考古新发现尚未收录。本书以六型九式竖炉为例，重在表明古代存在这些炉型类型，提出了炉型演变的可能性。将来随着考古资料的丰富，必然会得到更加全面的认识，有助于打通冶铜竖炉与冶铁竖炉之间的技术演化过程。古代竖炉分布于各个区域，各区域之间的炉型技术是如何传播的，有赖于炉址资料的进一步丰富，以及与文献资料和生铁制品的传播相结合进行研究。

本书以炉型为视角，较多地涉及生铁冶炼技术，但限于篇幅和笔者能力，未对其进行深入研究；将来可以结合炼铁学理论、各遗址炉型、炉渣和产品的技术特征，开展多种模拟试验来推算古代、近代生铁冶炼的工艺数据，全面认识古代冶铁技术水平，为相关研究提供参考。

深入开展中西炉型以及冶炼技术传播与比较研究，以更加开阔的视角看待各地区冶铁技术发展特征及其对人类社会发展的影响，对古代技术史研究意义重大，也是今后的努力方向之一。

参 考 文 献

巴甫洛夫 M A. 1957. 高炉配料计算. 庄镇恶译. 北京：冶金工业出版社：134.

（东汉）班固. 1962. 汉书. 颜师古注. 北京：中华书局.

北京钢铁学院《中国冶金简史》编写组. 1978. 中国冶金简史. 北京：科学出版社：43.

北京科技大学冶金与材料史研究所. 2011. 铸铁中国：古代钢铁技术发明创造巡礼. 北京：冶金工业
出版社：24.

北京市文物研究所，北京科技大学科技史与文化遗产研究院，北京大学考古文博学院，等. 2018.
北京市延庆区大庄科辽代矿冶遗址群水泉沟冶铁遗址. 考古，（6）：38-50.

毕学工，傅连春，熊玮，等. 2010. 中国炼铁高炉数学模型的研究与应用现状. 过程工程学报，10
（4）：277-282.

毕学工. 2000. 高炉专家系统的研究与开发（一）. 炼铁，（2）：50-53.

岑仲勉. 1962. 中外史地考证（全二册）. 北京：中华书局：213.

查尔斯·辛格，E J 霍姆亚德，A R 霍尔. 2004a. 技术史·第 II 卷·地中海文明与中世纪. 潜伟主
译. 上海：上海科技教育出版社：48-52.

查尔斯·辛格，E J 霍姆亚德，A R 霍尔. 2004b. 技术史·第 I 卷·远古至古代帝国衰落. 王前，
孙希忠主译. 上海：上海科技教育出版社：389-390.

（元）陈椿. 1983. 熬波图（卷下）// 永瑢，纪昀，等. 文渊阁四库全书. 台北：台湾商务印书馆：
31B-33A.

陈建樑. 1995. 晋以"一鼓铁"铸型鼎献疑. 山西师范大学学报（社会科学版），（2）：66-71.

（晋）陈寿. 1959. 三国志. 北京：中华书局：677.

陈仲光. 1959. 同安发现古代炼铁遗址. 文物，（2）：72-75.

成都文物考古研究所，蒲江县文物管理所. 2008. 2007 年四川蒲江冶铁遗址试掘简报. 四川文物，
（4）：17-26.

成都文物考古研究所，邛崃市文物保护管理所. 2008. 邛崃市平乐镇冶铁遗址调查与试掘简报. 四川
文物，（1）：16-24.

承德地区文物管理所，滦平县文物管理所. 1989. 河北滦平辽代渤海冶铁遗址调查. 北方文物，
　（4）：36-40.

戴念祖，张蔚河. 1988. 中国古代的风箱及其演变. 自然科学史研究，（2）：152-157.

杜宁. 2012. 山东临淄齐国故城冶金遗址的调查与研究. 北京：北京科技大学博士学位论文：27.

（唐）杜佑. 1984. 通典. 北京：中华书局：799.

（宋）范晔. 1965. 后汉书. （唐）李贤，等注. 北京：中华书局：1094.

（明）方以智. 1983. 物理小识（卷七）//永瑢，纪昀，等. 文渊阁四库全书. 台北：台湾商务印
　书馆.

（明）方以智. 2019. 物理小识. 孙显斌，王孙涵之整理. 长沙：湖南科学技术出版社：538.

冯立昇. 2004. 中国传统的双作用活塞风箱——历史考察与实物研究. 第五届中日机械技术史及机械
　设计国际学术会议：30-37.

高润芝，朱景康. 1982. 首钢实验高炉的解剖. 钢铁，17（11）：9-17，图版1-4.

（春秋）管仲. 1989. 管子//中华书局. 四部备要. 第五十二册. 北京：中华书局：203.

郭沫若. 1954. 十批判书. 北京：人民出版社：51，340.

郭绍林. 2002. 说《李靖兵法》论将帅的素质和职责. 军事历史研究，（3）：126-128.

国家文物局. 2003. 中国文物地图集·内蒙古自治区分册. 西安：西安地图出版社：6，109，121，
　135，159，171，230，368，486，569，625，712，850，956，1118.

邯郸市文物保管所. 1980. 河北邯郸市区古遗址调查简报. 考古，（2）：142-146.

韩汝玢，姜涛，王保林. 1999. 虢国墓出土铁刃铜器的鉴定与研究//河南省文物考古研究所，三门峡
　市文物工作队. 1999. 三门峡虢国墓地. 第一卷. 北京：文物出版社：559-573.

韩汝玢，柯俊. 2007. 中国科学技术史·矿冶卷. 北京：科学出版社：559-586.

何堂坤. 2009. 中国古代金属冶炼和加工工程技术史. 太原：山西教育出版社：196-198.

河南省博物馆，石景山钢铁公司炼铁厂，《中国冶金史》编写组. 1978. 河南汉代冶铁技术初探. 考
　古学报，（1）：1-24.

河南省文化局文物工作队. 1960. 河南巩县铁生沟汉代冶铁遗址的发掘. 考古，（5）：13-16.

河南省文化局文物工作队. 1962. 巩县铁生沟. 北京：文物出版社：2-4.

河南省文化局文物工作队. 1963. 河南鹤壁市汉代冶铁遗址. 考古，（10）：550-552.

河南省文物考古研究所. 2009. 河南泌阳县下河湾冶铁遗址调查报告. 华夏考古，（4）：16-28.

河南省文物考古研究所，鲁山县文物管理委员会. 2002. 河南鲁山望城岗汉代冶铁遗址一号炉发掘
　简报. 华夏考古，（1）：3-11.

河南省文物考古研究所，西平县文物保管所. 1998. 河南省西平县酒店冶铁遗址试掘简报. 华夏考
　古，（4）：27-33.

河南省文物研究所. 1988. 河南新安县上孤灯汉代铸铁遗址调查简报. 华夏考古,（2）：42-50, 75.

河南省文物研究所. 1991. 南阳北关瓦房庄汉代冶铁遗址发掘报告. 华夏考古,（1）：1-110.

河南省文物研究所, 中国冶金史研究室. 1992. 河南省五县古代铁矿冶遗址调查及研究, 华夏考古,（1）：44-62.

鹤壁市文物工作队. 1994. 鹤壁鹿楼冶铁遗址. 郑州：中州古籍出版社：14-17, 31, 44.

黑龙江省博物馆. 1965. 黑龙江阿城县小岭地区金代冶铁遗址. 考古,（3）：124-130.

胡悦谦. 1959. 繁昌县古代炼铁遗址. 文物,（7）：74.

华觉明. 1999. 中国古代金属技术——铜和铁造就的文明. 郑州：大象出版社：330-331.

黄全胜, 李延祥. 2006. 斯里兰卡的冶铁考古. 东南文化,（6）：30-33.

黄全胜. 2013. 广西贵港地区古代冶铁遗址调查及炉渣研究. 桂林：漓江出版社.

黄石市博物馆. 1981. 湖北铜绿山春秋时期炼铜遗址发掘简报. 文物,（8）：30-39.

黄兴, 潜伟. 2013a. 世界古代鼓风器比较研究. 自然科学史研究,（1）：84-111.

黄兴, 潜伟. 2013b. 木扇新考//万辅彬, 张柏春, 韦丹芳. 技术：历史、遗产与文化多样性——第二届中国技术史论坛论文集. 北京：科学普及出版社：84-91.

黄展岳. 1957. 近年出土的战国两汉铁器. 考古学报,（3）：93-108.

黄展岳. 1976. 关于中国开始冶铁和使用铁器的问题. 文物,（8）：62-70.

黄展岳, 王代之. 1962. 云南土法炼铁的调查. 考古,（7）：368-374.

吉田寅. 1996. 《熬波图》的一考察（续）. 刘淼译. 盐业史研究,（1）：48-63.

（唐）孔颖达. 2000. 礼记正义. 郑玄注//《十三经注疏》整理委员会. 十三经注疏. 北京：北京大学出版社：78.

拉姆 A H. 1987. 现代高炉过程的计算分析. 王筱留, 徐建伦译. 北京：冶金工业出版社：113.

黎想, 冯妍卉, 张欣欣, 等. 2009. 高炉内部气体流动与传热的模拟分析. 工业炉, 31（2）：1-8.

李步青. 1960. 山东滕县发现铁范. 考古,（7）：72.

李崇州. 1959. 古代科学发明水力冶铁鼓风机"水排"及其复原. 文物,（5）：45-48.

李达. 2003. 阳城犁镜冶铸工艺的调查研究. 文物保护与考古科学, 15（4）：57-64.

（宋）李昉, 李穆, 徐铉. 1960. 太平御览. 北京：中华书局.

李进良, 李承曦, 胡仁喜, 等. 2009. 精通 FLUENT6.3 流场分析. 北京：化学工业出版社：17.

李京华. 1994a. 古代西平冶铁遗址再探讨//李京华. 中原古代冶金技术研究. 郑州：中州古籍出版社：53-56.

李京华. 1994b. 河南冶金考古的发现与研究//李京华. 中原古代冶金技术研究. 郑州：中州古籍出版社：1-15.

李京华. 2006a. 中国第二座汉代特大炼铁竖炉的复原与研究//李京华. 李京华文物考古论集. 郑州：

中州古籍出版社：133-139.

李京华. 2006b. 中国汉代"河一"炼铁炉与鼓风机械复原再探讨//李京华. 李京华文物考古论集. 郑州：中州古籍出版社：124-132.

（唐）李筌. 1937. 神机制敌太白阴经. 上海：商务印书馆：83.

李延祥，韩汝玢. 1990. 林西县大井古铜矿冶遗址冶炼技术研究. 自然科学史研究，（2）：151-160.

李延祥，王荣耕，黄兴，等. 2016. 河北邯郸市矿山村炼铁炉考察. 华夏考古，（4）：55-58.

李约瑟. 1999. 中国科学技术史：物理学及相关技术·第四卷·第二分册. 鲍国宝，等译. 北京：科学出版社：148，165.

（魏）郦道元. 1989. 水经注//中华书局. 四部备要. 北京：中华书局：63.

（宋）梁克家. 1983. 淳熙三山志（卷十四）//永瑢，纪昀，等. 文渊阁四库全书. 台北：台湾商务印书馆：17A-17B.

刘东亚. 1962. 河南新郑仓城发现战国铸铁器泥范. 考古，（3）：165-166.

刘培峰，李延祥，潜伟. 2017. 传统冶铁鼓风器木扇的调查与研究. 自然辩证法通讯，39（3）：8-13.

刘培峰，李延祥，潜伟. 2019. 煤炼铁的历史考察. 自然辩证法研究，35（9）：85-90.

刘平生. 1988. 安徽南陵县古铜矿考古取得重要收获. 东南文化，（Z1）：152.

刘仙洲. 1962. 中国机械工程发明史. 第一编. 北京：科学出版社：52.

刘云彩. 1978. 中国古代高炉的起源和演变. 文物，（2）：18-27.

刘云彩. 1992. 古荥高炉复原的再研究. 中原文物，（3）：117-119.

龙占军. 2006. 高炉风口回旋区的模拟计算与实验研究. 重庆：重庆大学硕士学位论文：29-35.

卢本册，华觉明. 1981. 铜绿山春秋炼铜竖炉的复原研究. 文物，（8）：40-45.

鲁道夫·霍梅尔. 2012. 手艺中国：中国手工业调查图录. 戴吾三，等译. 北京：北京理工大学出版社：34-35.

陆敬严，华觉明. 2000. 中国科学技术史：机械卷. 北京：科学出版社：132.

马蓉，陈抗，钟文，等. 2004. 永乐大典方志辑佚. 第一册. 北京：中华书局：172-173.

（清）毛永柏修，刘耀椿，李图撰，等. 1859. （咸丰）青州府志. 卷三十二. 清咸丰九年刻本：34A.

南京博物院. 1960. 利国驿古代炼铁炉的调查及清理. 文物，（4）：46-47.

内蒙古自治区文物工作队. 1975. 呼和浩特二十家子古城出土的西汉铁甲. 考古，（4）：249-258.

倪自励. 1960. 河南临汝夏店发现汉代炼铁遗址一处. 文物，（10）：60.

（明）彭泽修，汪舜民纂. 1981. 徽州府志（卷三）//华东师范大学图书馆古籍部. 天一阁藏明代方志选刊. 上海：上海古籍书店：18B-19A.

秦臻，陈建立，张海. 2016. 河南舞钢、西平地区战国秦汉冶铁遗址群的钢铁生产体系研究. 中原文物，（1）：109-117.

（清）屈大均. 1985. 广东新语. 北京：中华书局：408-410.

群力. 1972. 临淄齐国故城勘探纪要. 文物，（5）：45-54.

山东省博物馆. 1977. 山东省莱芜县西汉农具铁范. 文物，（7）：68-73.

陕西考古研究所华仓考古队. 1983. 韩城芝川镇汉代冶铁遗址调查简报. 考古与文物，（4）：27-29.

上海师范大学古籍整理组. 1978. 国语（共二册）. 上海：上海古籍出版社：240.

史树青. 1960. 新疆文物调查随笔. 文物，（6）：22-31.

史晓雷. 2015. 中国古代活塞式风箱出现的年代新考. 中国科技史杂志，36（1）：72-81.

史岩彬，陈举华，张丽丽. 2006. 基于CFD的高炉仿真研究. 系统仿真学报，（3）：554-596.

（汉）司马迁. 1959. 史记. 北京：中华书局：3174.

（明）宋应星. 2018. 天工开物. 魏毅点校. 长沙：湖南科学技术出版社.

（宋）苏轼. 1981. 东坡志林. 北京：中华书局：77.

（宋）苏轼. 2011. 苏轼文集编年笺注. 李之亮笺注. 成都：巴蜀书社：180.

（清）孙廷铨. 1983. 颜山杂记（卷四）//永瑢，纪昀，等. 文渊阁四库全书. 台北：台湾商务印书馆：3B.

泰安市文物考古研究室，莱芜市图书馆. 1989. 山东省莱芜市古铁矿冶遗址调查. 考古，（2）：149-154.

谭亮. 2014. 古代冶铁模拟试验的温度和鼓风测量研究. 北京：北京科技大学硕士学位论文：33-38.

唐际根. 1993. 中国冶铁术的起源问题. 考古，（6）：556-565.

唐云明. 1959. 河北邢台发现宋墓和冶铁遗址. 考古，（7）：369.

（明）陶宗仪. 1986. 说郛. 卷七十三. 北京：中国书店：1A.

万绍毛. 1994. 江西贵山冶铁遗址研究. 四川文物，（3）：15-18.

王福军. 2004. 计算流体动力学分析——CFD软件原理与应用. 北京：清华大学出版社：13.

王稼句. 2002. 三百六十行图集. 苏州：古吴轩出版社：469.

王启立，潜伟. 2014. 燕山地带部分辽代冶铁遗址的初步调查. 广西民大学报（自然科学版），（1）：44-52.

王筱留. 2013. 钢铁冶金学·炼铁部分. 3版. 北京：冶金工业出版社：7-8，157，176，186，374.

王兆生. 1994. 龙烟铁矿矿区发现辽代炼铁遗址——该矿由外国人发现的历史将改写. 文物春秋，（1）：83-85.

（元）王祯. 2014. 王祯农书. 孙显斌，攸兴超点校. 长沙：湖南科学技术出版社：547-551.

王振铎. 1959. 汉代冶铁鼓风机的复原. 文物，（5）：43-44.

魏薇. 2012. 冶铁遗址三维激光扫描技术研究. 北京：北京科技大学硕士学位论文：37-64.

吴承洛. 1937. 中国度量衡史. 上海：商务印书馆：66.

（清）吴其濬. 1994. 滇南矿厂图略//华觉明. 中国科学技术典籍通汇·技术卷. 第一分册. 郑州：河南教育出版社：1117.

吴志华，安立国. 1983. 0.8M³解剖试验高炉冶炼钒钛磁铁矿的温度分布和气流分布. 包头钢铁学院学报，（z1）：82-94.

午荣，章严全集，周言校. 1606. 新修工师雕斫正式鲁班木经匠家镜（卷二）. 明万历三十四年汇贤斋刻本：17A.

新疆维吾尔自治区博物馆考古队. 1961. 新疆民丰大沙漠中的古代遗址. 考古，（3）：119-122，126.

（清）徐珂. 1984. 清稗类钞. 北京：中华书局：2373.

（宋）徐梦莘. 1987. 三朝北盟会编. 卷六十八. 上海：上海古籍出版社：8A.

（宋）许洞. 1983. 虎钤经（卷六）//永瑢，纪昀，等. 文渊阁四库全书. 台北：台湾商务印书馆：15A.

（清）严如熤. 1822. 三省边防备览（卷九）. 国家图书馆中国古籍资源库：5.

杨宽. 1955. 中国古代冶铁鼓风炉和水力冶铁鼓风炉的发明//李光璧，钱君华. 中国科学技术发明和科学技术人物论集. 北京：生活·读书·新知三联书店：71-98.

杨宽. 1956. 中国古代冶铁技术的发明和发展. 上海：上海人民出版社.

杨宽. 1959. 关于水力冶铁鼓风机"水排"复原的讨论. 文物，（7）：48-49.

叶贺七三男. 1976. 浑脱. 日本矿业会志，9（1063）：651.

（宋）叶廷珪. 1983. 海录碎事（卷四上）//永瑢，纪昀，等. 文渊阁四库全书. 台北：台湾商务印书馆：52A.

叶照涵. 1959. 汉代石刻冶铁鼓风炉. 文物，（1）：20-21.

尹焕章，赵青芳. 1963. 淮阴地区考古调查. 考古，（1）：1-8.

于秋红. 2009. 热工基础. 北京：北京大学出版社：320.

于永平，黄全胜，李延祥. 2010. 广西兴业三处冶铁遗址考察. 有色金属，（3）：163-169.

于永平. 2009. 广西兴业古绿鸦冶铁遗址群五处地点初步考察研究. 北京：北京科技大学硕士学位论文：17-23.

袁康. 1936. 越绝书（卷十）. 上海：中华书局据明刻本校勘：2A.

袁珂. 2007. 中国神话史. 重庆：重庆出版社：94.

（宋）曾公亮，等. 2017. 武经总要前集（上）. 郑诚整理. 长沙：湖南科学技术出版社：740.

曾华锋. 2007. 攀钢2000m³高炉风口回旋区特征的研究. 重庆：重庆大学硕士学位论文：9.

詹星. 1984. 小高炉冶炼钒钛磁铁矿解剖研究. 钢铁钒钛，（2）：3-17.

张柏春，张治中，冯立升，等. 2006. 中国传统工艺全集·传统机械调查研究. 郑州：大象出版社：177-181.

（北宋）张方平. 1983. 乐全集（卷三十九）//永瑢，纪昀，等. 文渊阁四库全书. 台北：台湾商务印书馆：24B.

张敬颢. 1942. 榆次县志（卷十四）. 国家图书馆藏：21.

张文才. 2004. 论《太白阴经》的军事思想及其主要特色. 军事历史研究，（3）：133-143.

章鸿钊. 1921. 中国铜器铁器时代沿革考//石雅. 北平：农商部地质调查所：430.

赵青云，李京华，韩汝玢，等. 1985. 巩县铁生沟汉代冶铸遗址再探讨. 考古学报，（2）：157-183.

赵全嘏. 1952. 河南鲁山汉代冶铁厂调查记. 新史学通讯，（7）：57-62.

赵欣. 2009. 高炉风口回旋区大小的计算模型的研究. 甘肃冶金，31（4）：5-7，115.

（汉）赵晔. 1937. 吴越春秋（卷二）.（明）吴管校，徐天佑注. 上海：商务印书馆：42.

（清）郑复光. 1985. 费隐与知录. 上海：上海科学技术出版社：79A-80B.

（明）郑若曾，邵芳. 1990. 筹海图编//《中国兵书集成》编委会. 中国兵书集成. 北京：解放军出版社，沈阳：辽沈书社：1080.

郑州市博物馆. 1978. 郑州古荥镇汉代冶铁遗址发掘简报. 文物，（2）：28-43.

中国历史博物馆考古调查组，河南省博物馆登封工作站，河南省登封县文物保管所. 1977. 河南登封阳城遗址的调查与铸铁遗址的试掘. 文物，（12）：52-65.

中国社会科学院考古研究所铜绿山工作队. 1982. 湖北铜绿山古铜矿再次发掘——东周炼铜炉的发掘和炼铜模拟实验. 考古，（1）：18-22.

周才珠，齐瑞端译注. 1995. 墨子全译. 贵阳：贵州人民出版社：670.

周志宏. 1955. 中国早期钢铁冶炼技术上创造性的成就. 科学通报，（2）：25-30.

（明）朱国祯. 1998. 涌幢小品. 缪宏点校. 北京：文化艺术出版社：95.

朱嘉禾. 1982. 首钢实验高炉解剖研究. 钢铁，17（11）：1-8.

朱清天，程树森. 2006. 高炉块状带煤气流分布的数值模拟//中国金属学会. 2006年全国炼铁生产技术会议暨炼铁年会文集. 杭州：中国金属学会：494-497.

朱清天，程树森. 2008. 高炉上部煤气流调剂影响研究. 钢铁，43（2）：22-25，34.

朱寿康，韩汝玢. 1986. 铜绿山冶铜遗址冶炼问题的初步研究//《北京钢铁学院学报》编辑部. 中国冶金史论文集. 北京：科学出版社：27.

邹祖桥，孙学信，丘纪华. 2000. 高炉直吹管和回旋区煤粉燃烧数学模型. 华中理工大学学报，28（7）：65-66.

（周）左丘明. 2000. 春秋左传正义//《十三经注疏》整理委员会. 十三经注疏. 北京：北京大学出版社：1740.

《中国冶金史》编写组. 1978. 从古荥遗址看汉代生铁冶炼技术. 文物, (2): 44-47.

Tyiecote R F. 1985. 世界冶金发展史. 华觉明, 等编译. 北京: 科学技术文献出版社: 578.

Agricola G. 1912. De Re Metalliga. London: Salisbury House.

Chen C W. 2005. Numerical Analysis for the Multi-phase Flow of Pulverized Coal Injection Inside Blast Furnace Tuyere. Applied Mathematical Modelling, 29 (9): 871-884.

David A K. 2009. The Manufacture of Iron in Ancient Colchis. Oxford: British Archaeological Reports: 31-90.

David C. 1984. The Survival of Early Blast-furnaces: A World Survey. Journal of the Historical Metallurgy Society, 18 (2): 112-131.

Ellis W, Freeman J J. 1838. History of Madagascar. London: Fisher & Son Co.: 308.

Essenwein A. 1866. Mittelalterlichen Hausbuches. Köln: Germanisches Museum, 24: 56.

Fluent Inc. 2006. FLUENT 6. 3 User's Guide. Fluent Inc.: 7-122.

Fontein J, Soekmono R, Sedyawati E. 1990. The Sculpture of Indonesia. London: National Gallery of Art: 176.

Forbes R J. 1971. Studies in Ancient Technology. Volue: Ⅲ. Second Revised edition. Leiden: E. J. Brill.: 117.

Gilles W J. 1952. Der Stammbaum des Hochofens. Archiv für das Eisenhüttenwesen, 11/12: 407-415.

Huang X, Li L F. 2019. Application and Influence of Flap Valve Mechanism on Ancient Bellows. Explorations in the History and Heritage of Machines and Mechanisms—Proceedings of the 2018 HMM IFToMM Symposium on History of Machines and Mechanisms, Springer: 199-212.

Jockenhövel A. 1997. The Beginning of Blast Furnace Technology in Central Europe. Historical Metallurgy Society News, 37: 4-5.

Jockenhövel A. 2013. Mittelalterliche Eisengewinnung im Märkischen Sauerland: Archäometallurgische Untersuchungen zu den Anfängen der Hochofentechnologie in Europa. Bochum: Vlg Marie Leidorf: 103-145.

Lux F. 1912. Koksherstellung und Hochofenbetrieb im Innern Chinas. Stahl und Eisen, 22 (33): 1404-1407.

Magnusson G. 1995. Iron Production, Smiting and Iron Trade in the Baltic During the Late Iron Age and Early Middle Ages (5th-13th centuries) //Jansson J, et al. Archeology East and West of the Baltic. Stockholm: Stockholm University Press: 61-70.

Needham J T. 1958. The Development of Iron and Steel Technology in China. London: The Newcomen Society: 15-18.

Needham J T. 1962. The Pre-natal History of the Steam-engine. Transactions of the Newcomen Society, 35 (1): 35.

Pleiner R. 2000. Iron in Archaeology: The European Bloomery Smelters. Praha: Archeologický Ústav Avčr: 151.

Pleiner R. 2011. The Archaeometallurgy of Iron: Recent Developments in Archaeological and Scientific Research. Prague: Institute of Archaeology of the ASCR: 297.

Raffles S, et al. 1817. The History of Java. Vol. 2. London: John Murray: 193.

Rajneesh S, Sarkar S, Gupta G S. 2004. Prediction of Raceway Size in Blast Furnace from Two Dimensional Experimental Correlations. ISIJ International, 44 (8): 1298-1307.

Sun S Y. 1996-1997. The Production of Lead and Silver in Ancient China//The Proceedings of the Conference on Ancient Chinese and Southeast Asian Bronze Age Cultures. Taipei: SMC Publishing Inc.: 711-719.

Tabor G R, Molinari D, Juleff G. 2005. Computational Simulation of Air Flows Through a Sri Lankan Wind-driven Furnace. Journal of Archaeological Science, 32 (5): 753-766.

Tauber J, Serneels V. 1997. An Early Blast Furnace at Dürste//Crew P, Crew S. Early Ironworking in Europe: Archaeology and Experiment. Abstracts of the International Conference at Plas Tan-y-Bwlch. Plas Tan-y-Bwlch: Plas Tan-y-Bwlch Occasional Papers: 48.

Thomas E. 1858. A Descriptive and Historical Account of Hydraulic and Other Machines for Raising Water, Ancient and Modern: with Observations on Various Subjects Connected with the Mechanic Arts; Including the Progressive Development of the Steam Engine. New York: Berby & Jackson.

Tylecote R F. 1976. A History of Metallurgy. London: Mid-County Press: 40-52.

Tylecote R F. 1984. Early Metallurgy in India. Metallurgist and Materials Technologist, (7): 345-350.

Wagner D B. 2008. Science and Civilization in China: Ferrous Metallurgy. Volume 5, Part 11: Ferrous Metallurgy. Cambridge: Cambridge University Press: 7-29.

Wang J, Huang X, Qian W. 2017. A Survey Study of the Blast Furnace at Kuangshan Village Using 3D Laser. The Minerals, Metals & Materials Society, 69 (01): 64-70.

Wertime T A. 1964. Asian Influences on European Metallurgy. Technology and Culture, (5): Plate XI.

附录 1　冶铁遗址 ^{14}C 测年数据

本书所涉部分遗址采集到的木炭样品经北京大学加速器质谱（AMS）检测，采用 OxCal Version 3.1 树轮校正，结果如下：

附表 1　本书部分遗址木炭样品 ^{14}C 测年及树轮校正

序号	实验室编号	样品	出土地点	年代（B.P.）	误差（±）	树轮校正年代（1σ）	树轮校正年代（2σ）
1	BA120754	木炭	延庆水泉沟 T1②层北隔梁	1220	25	720AD（3.1%）740AD，770AD（65.1%）870AD	690AD（16.4%）750AD，760AD（79.0%）890AD
2	BA120755	木炭	延庆水泉沟 L1 炉前坑内	865	30	1150AD（68.2%）1220AD	1040AD（13.6%）1090AD，1120AD（81.8%）1260AD
3	BA120756	木炭	延庆水泉沟 L1 鼓风口入口	1005	30	985AD（68.2%）1040AD	970AD（76.3%）1050AD，1080AD（19.1%）1160AD
4	BA120758	木炭	延庆水泉沟 L4 下部炉壁	820	25	1205AD（68.2%）1260AD	1165AD（95.4%）1265AD
5	BA120759	木炭	延庆水泉沟遗址 L4 内底层	930	30	1040AD（68.2%）1160AD	1020AD（95.4%）1170AD
6	BA121284	木炭	延庆水泉沟遗址 L1 炉前坑内	1055	25	975AD（68.2%）1020AD	890AD（10.4%）920AD，940AD（85%）1030AD
7	BA121286	木炭	延庆水泉沟遗址 L4	1140	40	820AD（2.5%）840AD，860AD（65.7%）980AD	770AD（95.4%）990AD
8	BA121287	木炭	延庆水泉沟遗址 L4 前 H1	1135	30	880AD（16.6%）905AD，910AD（51.6%）970AD	780AD（1.5%）790AD，800AD（93.9%）990AD
9	BA121058	木炭	遵化铁厂遗址 L2 炉底	315	20	1520AD（54.8%）1590AD，1620AD（13.4%）1640AD	1490AD（95.4%）1650AD
10	BA121059	木炭	遵化铁厂遗址木炭堆积点矿渣内	425	25	1435AD（68.2%）1470AD	1420AD（93.0%）1500AD，1600AD（2.4%）1620AD
11	BA121060	木炭	遵化铁厂遗址 1、2 号炉壁下方	450	25	1430AD（68.2%）1455AD	1415AD（95.4%）1470AD
12	BA121061	木炭	遵化铁厂遗址木炭堆积点炉渣内	550	30	1325AD（24.3%）1345AD，1390AD（43.9%）1425AD	1310AD（40.2%）1360AD，1380AD（55.2%）1440AD
13	BA121062	木炭	遵化铁厂遗址木炭堆积点	340	35	1480AD（23.2%）1530AD，1550AD（45.0%）1640AD	1460AD（95.4%）1650AD

续表

序号	实验室编号	样品	出土地点	年代（B.P.）	误差（±）	树轮校正年代（1σ）	树轮校正年代（2σ）
14	BA121063	木炭	遵化铁厂遗址木炭堆积点炉渣内	380	30	1450AD（54.1%）1520AD，1590AD（14.1%）1620AD	1440AD（61.6%）1530AD，1550AD（33.8%）1640AD
15	BA121064	木炭	遵化铁厂遗址木炭堆积点炉渣内	590	45	1305AD（49.6%）1365AD，1385AD（18.6%）1410AD	1290AD（95.4%）1420AD
16	BA121066	木炭	遵化铁厂遗址木炭堆积点炉渣内	285	30	1520AD（42.7%）1580AD，1620AD（25.5%）1660AD	1490AD（95.4%）1670AD
17	BA121288	木炭	武安崔炉村积铁内	1400	20	630AD（68.2%）660AD	610AD（95.4%）665AD
18	BA121289	木炭	武安经济村炼渣内	1560	25	430AD（49.5%）490AD，500AD（18.7%）550AD	420AD（95.4%）560AD
19	BA111698	木炭	武安马村北公路北炉壁上	1395	30	620AD（68.2%）665AD	600AD（95.4%）675AD
20	BA111699	木炭	武安冶陶镇东3km	2070	30	160BC（12.6%）30BC，120BC（55.6%）40BC	180BC（95.4%）1AD
21	BA111700	木炭	武安马村炉壁上	1450	25	595AD（68.2%）645AD	565AD（95.4%）650AD
22	BA111701	木炭	武安矿山村炉内左下部	1130	30	885AD（14.6%）905AD，910AD（53.6%）970AD	780AD（1.0%）790AD，810AD（94.4%）990AD
23	BA1110171	木炭	鲁山西马楼遗址采集	965	20	1020AD（31.0%）1050AD，1090AD（30.2%）1120AD，1140AD（7%）1150AD	1110AD（36.7%）1060AD，1070AD（94.4%）1160AD
24	BA111703	木炭	武安经济村村口西200m	1490	30	550AD（68.2%）605AD	535AD（95.4%）635AD

附录2 计算流体力学原理概述①

本书采用的CFD方法是近代流体力学、数值数学和计算机科学结合的产物,是一门具有强大生命力的交叉科学。它通过计算机数值计算和图像显示,对包含流体流动和热传导等相关物理现象的系统进行分析。其基本思想可以表述为:把在时间域或空间域上连续的物理量的场,用一系列有限个离散点上的变量值的集合来代替,通过一定的原则或方式建立起关于这些离散点上场变量之间关系的代数方程组,然后求解代数方程组获得场变量的近似值。

CFD从基本物理定理出发,应用离散化的数学方法,分析研究各类流体力学问题,以解决各种实际问题。求解结果可以预报流动、传热、传质、燃烧等过程的细节。CFD成为过程装置优化和放大定量设计的有力工具,在很大程度上替代了耗资巨大的流体动力学实验设备,在科学研究和工程技术中产生了巨大的影响。数值模拟方法与传统的理论分析方法、实验测量方法组成了研究流体流动问题的完整体系。

CFD具有多种数值解法,其区别主要是对控制方程的离散方式的不同。根据离散的原理,CFD可分为以下三大分支。

有限差分法(finite difference method,FDM)是应用最早、最为经典的CFD方法,它将求解域划分为差分网格,用有限个网格节点代替连续的求解域,然后将偏微分方程的导数用差商代替,推导出含有离散点上有限个未知数的差分方程组。

有限元法(finite element method,FEM)是20世纪80年代开始应用的一种数值解法,它吸收了有限差分法中离散处理的内核,又采用了变分计算中选择逼近

① 本附录主要参考以下文献:史岩彬,陈举华,张丽丽. 基于CFD的高炉仿真研究. 系统仿真学报,2006,(3):554-596;李进良,李承曦,胡仁喜,等. 精通FLUENT6.3流场分析. 北京:化学工业出版社,2009:17;王福军. 计算流体动力学分析——CFD软件原理与应用. 北京:清华大学出版社,2004:13;Fluent Inc. FLUENT 6.3 User's Guide. Fluent Inc.,2006:7-122.

函数对区域进行积分的合理方法。其求解速度最慢，有部分商业软件还在采用有限元法。

有限体积法（finite volume method，FVM）是将计算区域划分为一系列控制体积，将待解微分方程对每一个控制体积积分得出离散方程。用有限体积法导出的离散方程可以保证具有守恒特性，而且离散方程系数物理意义明确，计算量相对较小。目前比较流行的商用软件，如 PHONEICS、CFX、STAR-CD、Fluent 等都采用了有限体积法。

一、Fluent 软件介绍

本书应用的 Fluent 软件属于工程运用 CFD 软件，可以计算流体流动、传热和化学反应等。它提供的非结构网格生成程序，对相对复杂的几何结构网格生成非常有效，可以生成二维的三角形和四边形网格，以及三维的四面体、六面体及混合网格。Fluent 软件还可以根据计算结果调整网格，这种网格自适应能力对精确求解有较大梯度的流场有实际作用。

Fluent 软件包由以下几个部分组成。

（1）Gambit：用于建立几何结构和网格的生成。

（2）Fluent：用于进行流动模拟计算的求解器。

（3）prePDF：用于模拟 PDF 燃烧过程。

（4）TGrid：用于从现有的边界网格生成体网格。

（5）Filters：转换其他程序生成的网格，用于 Fluent 计算。

可以接口的程序包括 ANSYS、I-DEAS、NASTRAN、PATRAN 等。

其模拟计算流程如附图 2-1，计算过程的基本思路如附图 2-2 所示。

二、控制方程[①]

控制方程是对物理守恒定律的数学描述。Fluent 软件依靠的控制方程包括质量守恒定律、动量守恒定律、能量守恒定律、组分守恒定律以及湍流输运方程。

---

① Fluent Inc. FLUENT 6.3 User's Guide. Fluent Inc.，2006：7-122.

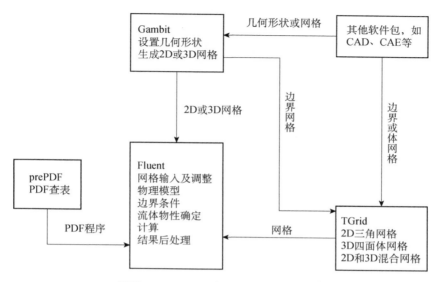

附图2-1　Fluent基本程序结构示意图[1]

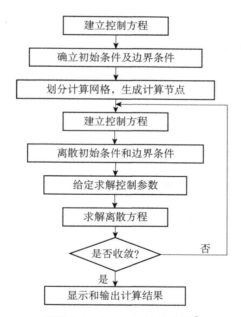

附图2-2　Fluent工作流程图[2]

[1]　李进良，李承曦，胡仁喜，等. 精通FLUENT6.3流场分析. 北京：化学工业出版社，2009：17.
[2]　王福军. 计算流体动力学分析——CFD软件原理与应用. 北京：清华大学出版社，2004：13.

1. 质量守恒方程

质量守恒方程又称连续性方程，任何流动问题都必须满足质量守恒定律。该定律可表述为：单位时间内流体微元体中质量的增加，等于同一时间间隔内流入该微元体的净质量。按照这一定律，可以得出质量守恒方程：

$$\frac{\partial \rho}{\partial t} + \frac{\partial(\rho u)}{\partial x} + \frac{\partial(\rho v)}{\partial y} + \frac{\partial(\rho w)}{\partial z} = 0 \tag{附2-1}$$

即

$$\frac{\partial \rho}{\partial t} + \mathrm{div}(\rho u) = 0 \tag{附2-2}$$

式中，ρ 为密度，单位为 kg/m^3；t 为时间，单位为 s；u、v、w 为速度矢量在 x、y、z 方向的分量。

2. 动量守恒方程

动量守恒定律是任何流动都须满足的基本定律。该定律可表述为：微元体中流体的动量对时间的变化率等于外界作用在该微元体上的各种力之和。按照这一定律，可导出惯性（非加速）坐标系中 i 方向上的动量守恒方程：

$$\frac{\partial}{\partial t}(\rho u_i) + \frac{\partial}{\partial x_j}(\rho u_i u_j) = -\frac{\partial p}{\partial x_i} + \frac{\partial \tau_{ij}}{\partial x_j} + \rho g_i + F_i \tag{附2-3}$$

式中，p 为静压，单位为 Pa；τ_{ij} 为应力张量；ρg_i、F_i 分别为 i 方向上的重力体积力和外部体积力（如离散相相互作用产生的升力）。F_i 包含了其他的模型相关源项，如多孔介质和自定义源项。

3. 能量守恒方程

$$\frac{\partial}{\partial t}(\rho E) + \frac{\partial}{\partial x_i}(u_i(\rho E + p)) = \frac{\partial}{\partial x_i}\left(k_{eff}\frac{\partial T}{\partial x_i} - \sum_{j'} h_{j'} J_{j'} + u_j(\tau_{ij})_{eff}\right) + S_h \tag{附2-4}$$

式中，k_{eff} 为有效热传导系数；$J_{j'}$ 为组分 j' 的扩散流量。

方程右边的前三项分别描述了热传导、组分扩散和黏性耗散带来的能量输运；S_h 包括了化学反应热以及其他用户定义的体积热源项。

4. 组分质量守恒方程

在一个特定的系统中，可能存在质的交换，或者存在多种化学组分，每一种组分都需要遵守组分质量守恒定律。对系统而言，组分质量守恒定律可表述为系统内某种化学组分质量对时间的变化率等于通过系统界面净扩散流量与通过化学反应产生的该组分的生产率之和。组分 s 的组分质量守恒方程为

$$\frac{\partial(\rho c_s)}{\partial t} + \mathrm{div}(\rho u c_s) = \mathrm{div}\left(\left[D_s \mathrm{gard}\right]\rho c_s\right) + S_s \qquad （附 2-5）$$

式中，c_s 为组分 s 的体积浓度；ρc_s 为该组分的质量浓度；D_s 为该组分的扩散系数；S_s 为系统内部单位时间内单位体积通过化学反应产生的该组分的质量，即生产率。

5. 湍流动能 k 与耗散率（ε）方程：

$$\frac{\partial(\rho u_i k)}{\partial x_i} = \frac{\partial}{\partial x_i}\left(\mu_{eff} + \frac{\mu_t}{\sigma_k}\right)\frac{\partial k}{\partial x_i} + G - \rho\varepsilon \qquad （附 2-6）$$

$$\frac{\partial(\rho u_i \varepsilon)}{\partial x_i} = \frac{\partial}{\partial x_i}\left[\left(\mu_{eff} + \frac{\mu_t}{\sigma_\varepsilon}\right)\frac{\partial\varepsilon}{\partial x_i}\right] + c_1\frac{\varepsilon}{k}G - c_2\frac{\varepsilon^2}{k}\rho \qquad （附 2-7）$$

式中，$G = \mu_t \dfrac{\partial u_j}{\partial x_i}\left(\dfrac{\partial u_i}{\partial x_j} + \dfrac{\partial u_j}{\partial x_i}\right)$；$\mu_{eff} = \mu + \mu_t = \mu + c_\mu \dfrac{k^2}{\varepsilon}$。

致　　谢

　　本书是在笔者的博士学位论文基础上，在博士导师潜伟教授的指导与合作下，经过多年积累、提升最终完成的。本书得到了国家自然科学基金项目"中国古代冶铁竖炉演变的仿真研究"（51374031）、国家"指南针计划"试点项目"中国古代冶铁炉的炉型演变研究"（20110317）、中央高校基本科研业务费资助项目"中国古代冶铁竖炉复原的基础研究"（FRF-TP-12-003B）的资助。

　　笔者于2009～2014年就读于北京科技大学科技史与文化遗产研究院（原冶金与材料史研究所）科学技术史专业，在潜伟教授的鼓励下选择了"古代冶铁竖炉炉型研究"这个具有很大挑战性的题目作为博士研究课题。潜伟教授学术视野宽广，善于谋划，力求创新。在笔者撰写博士学位论文及完成本书期间，潜伟教授从理论知识、学科规范、文章结构乃至行文制图等都倾注大量心血，并与笔者一道协力完成，提高了本书的整体水平，令笔者深切感受到从事科技史前沿研究的快乐和充实。

　　潜伟教授、李延祥教授与陈建立教授等带领笔者及北京科技大学和北京大学的冶金史专业其他研究生一道考察了数十处古代冶铁遗址。我们的考察范围包括河南省几乎全部地级市，河北省邯郸、承德、张家口等市区，北京延庆、怀柔等地，以及四川、江苏等省份。我们前后共调查了三十余座古代冶铁竖炉炉址。笔者毕业后，在中国科学院自然科学史研究所工作期间，到湖南、陕西、河北等地考察了多个冶铁遗址。截至目前，大多数国内已知的冶铁炉遗址我们都考察过，积累了大量珍贵的原始资料，为研究古代冶铁竖炉提供了最有力的一手资料。田野调查中还得到了河北省兴隆县文物保护管理所王峰先生、四川省文物考古研究院杨颖东先生、河南省西平县文物管理所康晓华先生、四川省荣县文物管理所曾德先生、湖南省文物考古研究所莫林恒先生、郴州市文物事业管理处罗胜强先生等诸多文博系统同志的大力帮助。

　　本书引入了计算机仿真技术辅助分析炉型对炉内气流场的影响机制。这在国内冶金史领域尚属首次，在国际冶金史领域也不多见。为此，笔者多次向北京科技大学张建良教授、姜泽毅教授、韩丽辉工程师、国宏伟副教授等诸位老师求教；与英国埃克塞特大学 Gillian Juleff 女士在会议期间和通过邮件深入交流。数值模拟分析的部分成果在 *Journal of Archaeological Science* 杂志上发表时，主编 Thilo Rehren 教授、审稿人对文章内容提供了宝贵建议，对文章的字词做了精细修改。

在潜伟教授的主持下，我们在山西阳城开展了古代竖炉冶铁模拟试验，笔者参与了联络、建场、准备、冶炼、测量、解剖、采样分析的全过程，充分体验了古代竖炉冶铁技术的复杂、精深。本次试验得到了晋城市冶金研究所黄廷昌高级工程师、阳城县科技局王铁炼副局长及阳城县科技咨询服务中心吴学亮主任、阳城犁镜制作工艺传承人吉抓住、社会人士王敦善等多位先生的支持。近年来，笔者多次受邀参加了北京大学考古文博学院陈建立教授、四川大学历史文化学院李映福教授等举办的古代竖炉冶铁、炼铅、青铜铸造、钢铁锻造等金属冶炼试验。这些实践活动从多方面进一步提升了笔者对古代冶金技术的认识。

为了顺利完成冶铁试验，潜伟教授带领笔者先后拜访首都钢铁公司原副总工程师刘云彩先生、北京科技大学孔令坛教授。两位先生热心地为我们提供了很多宝贵意见。在本书撰写过程中，刘云彩先生给予笔者很多指导，提供了重要的冶铁炉早期照片。可惜本书未及付梓，两位先生都已仙逝。

笔者有幸参与了水泉沟冶铁遗址考古发掘工作，实为难得的实习机会。以该遗址为核心的"北京延庆大庄科辽代矿冶遗址群"因其重要性和出色的发掘工作，被评为"2014 年度全国十大考古新发现"。在考古发掘中，笔者得到了北京市文物研究所郭京宁先生、刘乃涛先生两位领队老师的精心指导，学到了很多考古发掘知识，深刻体会到了一线考古工作的乐趣和不易。

在博士就读期间，韩汝玢教授给予笔者很多指导，提供了大量研究资料；孙淑云教授带我多次参加学术会议，在学术和人生等方面给了笔者很多关怀和指导。梅建军教授在笔者的科研工作和赴英访学中给了很大的帮助和支持；李延祥教授在田野考察和课题研究中给了笔者多方指导和帮助；章梅芳教授在日常学习、生活中对笔者多有照顾；李秀辉副教授给予笔者很多帮助，在本书撰写各阶段多有指导；陈坤龙教授在课题研究、日常工作及英国访学期间给予笔者多方照顾。毕业之后，北京科技大学的老师们依然通过各种方式继续支持和帮助笔者的学习和工作。

笔者的博士学位论文答辩荣幸邀请到了华觉明、刘云彩、韩汝玢、张建良、冯立昇、李延祥、李晓岑教授作为评审委员。七位教授对笔者的研究给予了高度评价，并对下一步研究工作提出了殷切期望。

笔者的硕士生导师清华大学冯立昇教授、中国科学院自然科学史研究所关晓武研究员在笔者攻读博士期间依然给予笔者诸多学术指导和生活关怀。南京信息工程大学李晓岑教授在北京科技大学工作期间给予笔者很多关怀、鼓励和指导，并给笔者提供了很多研究线索。笔者多次向中国科学院自然科学史研究所华觉明先生、丹麦冶金史专家 Donald B. Wagner 先生等学界前辈求教，他们对笔者的研究提供了悉心指导和宝贵意见；自然科学史研究所何堂坤先生、张柏春研究员、方一兵研究员、周文丽研究员，以及台湾"中央研究院"历史语言研究所陈光祖博士等在笔者考察、学习和本书撰写过程中提供了很多研究线索和指导意见。

笔者有幸获得北京科技大学以及导师承担课题的资助，到英国李约瑟研究所访学。访学期间，Christopher Cullen 教授、梅建军教授、图书馆馆长 John Moffett 先生和 Susan Bennett 女士为笔者提供了诸多便利；与伦敦大学学院 Marcos Martinón-Torres 教授深入交流，获得悉心指导。笔者在德国马普学会科学史研究所任访问博士后期间，与所长 Dagmar Schäfer 教授就宋辽时期钢铁生产的政策开展了合作研究，得到了很多指导。

本书涉及的研究工作离不开北京科技大学同窗们的合作与支持，包括刘鸿亮、厚宇德、黄全胜、王荣耕、马赞峰、袁凯铮、何伟俊、咏梅、杨瑞栋、董利军、杜宁等师兄师姐，同级好友王璞、邵安定、陈国科、李博、赵凤杰同学，感谢刘培峰、刘杰、刘海峰、董国豪、陈虹利、崔春鹏、刘建宇、黄超、郁永彬、先怡衡、罗敏、张学渝、张登毅、贺超海、王力丹、王颖竹、雷丽芳等博士研究生同学，感谢王丽莉、冯训婉、王启立、刁美玲、吴世磊、魏然、魏薇、鲍怡、谭亮、穆浴阳、李潘、王婕等硕士研究生同学。在田野调查、冶铁试验以及日常学习生活中，我们结下了深厚的友谊。

衷心感谢笔者的父母、妻子。多年以来他们毫无怨言地承担了几乎全部抚育子女和家庭事务的重担，保证笔者有充裕的时间来开展研究。

得到如此多的帮助和关怀是我人生之幸。寸草之心，难报三春之晖，我唯有更加努力地工作，以回馈大家。

黄　兴

2021 年 4 月

于中国科学院基础科学园区